人工智能技术及应用

主　编　付海燕　王　香　王　枭

副主编　王迎勋　刘娈琦　胡艳羽

陶田杰

参　编　张艳娜　崔　潇　樊国辉

郭　建　王宇婷　孙鹏飞

東南大學出版社

SOUTHEAST UNIVERSITY PRESS

·南京·

内 容 提 要

本书系统地阐述了人工智能技术的发展及应用,内容包括人工智能基础概念、机器学习和深度学习中的经典算法及其应用。本书通过大量实例和案例分析,展示了人工智能技术在解决实际问题中的应用和效果。

本书注重理论与实践融合,每章配备丰富代码示例和实际项目,帮助读者学以致用;内容编排由浅入深,知识讲解通俗易懂,降低了学习门槛。

本书可作为普通高校计算机、人工智能等专业的教材,也可作为人工智能爱好者的参考书籍。

图书在版编目(CIP)数据

人工智能技术及应用 / 付海燕, 王香, 王枭主编. 南京 : 东南大学出版社, 2025. 8. -- ISBN 978-7-5766-1964-5

Ⅰ. TP18

中国国家版本馆 CIP 数据核字第 20257SP166 号

策划编辑:邹 垒 责任编辑:秦艺帆 责任校对:子雪莲 封面设计:王 玥 责任印制:周荣虎

人工智能技术及应用

Rengong Zhineng JiShu Ji Yingyong

主 编:付海燕 王 香 王 枭

出版发行:东南大学出版社

社 址:南京四牌楼 2 号 邮编:210096 电话:025 - 83793330

出 版 人:白云飞

网 址:http://www.seupress.com

电子邮件:press@seupress.com

经 销:全国各地新华书店

印 刷:广东虎彩云印刷有限公司

开 本:787 mm×1 092 mm 1/16

印 张:13

字 数:284 千字

版 印 次:2025 年 8 月第 1 版第 1 次印刷

书 号:ISBN 978 - 7 - 5766 - 1964 - 5

定 价:42.00 元

本社图书若有印装质量问题,请直接与营销部联系,电话(传真):025 - 83791830。

数智赋能制造业3C融合应用创新系列教材

编 委 会

前　言

随着信息技术的飞速发展，人工智能已成为引领新一轮科技革命和产业变革的战略性技术，并不断催生新技术、新产品、新产业。为更好地介绍人工智能相关技术及应用，我们组织编写了这本《人工智能技术及应用》。党的二十大报告强调创新在我国现代化建设全局中的核心地位。人工智能作为科技创新的前沿领域，正深刻改变着人们的生产和生活方式。本教材致力于阐述人工智能技术及其广泛的应用场景，这与党的二十大倡导的推动科技创新、实现高质量发展的精神高度契合。通过对本教材的学习，希望读者能够深入理解人工智能技术，从而积极参与到相关领域的发展建设中，为推动我国新兴产业的蓬勃发展、实现科技自立自强贡献力量。

同时，党的二十大也关注教育和人才培养，强调为党育人、为国育才。本教材的编写也着眼于培养适应新时代人工智能发展需求的专业人才，提供全面、系统的知识体系，以提升学习者的技术水平和创新能力，为我国在全球人工智能竞争中占据有利地位提供坚实的人才支撑。

本教材分为 7 个章节。第 1 章主要介绍人工智能的基本概念和定义，探讨其在科技发展史上的里程碑事件和关键进展，帮助读者建立对人工智能的整体认识和认知框架。第 2 到第 7 章将深入探讨人工智能在不同领域的应用范围，包括但不限于搜索算法、回归算法、机器学习的分类和聚类算法、语音识别等。通过大量实例和案例分析，展示人工智能技术在解决实际问题中的应用和效果。

通过学习本教材，读者将能够全面了解人工智能技术的基本原理和应用方法，掌握人工智能领域的核心算法和技术，具备分析和解决实际问题的能力。我们希望本教材能够成为学习人工智能的重要参考资料，为读者在人工智能领域的学习和研究提供有力支持，推动人工智能技术的进步与发展，为构建智能化社会做出贡献。

本教材由齐鲁理工学院的付海燕教授、王香副教授、王枭副教授组织编撰。其中，第 1 章由王香编写，第 2 章由王枭、王宇婷编写，第 3 章由樊国辉、孙鹏飞编写，第 4 章由胡艳羽、陶田杰编写，第 5 章由刘娈琦、王迎勋编写，第 6 章由崔潇、郭建编写，第 7 章由张艳娜、付海燕编写。付海燕、王香、王枭负责统稿和审校。

我们衷心感谢所有为本教材编写和出版做出贡献的专家、学者和编辑团队，以及所有支持和关注本教材的读者和社会各界人士。正是你们的辛勤工作和支持，才使得本教材得以顺利完成。我们期待着听到你们的反馈和建议,共同推动人工智能技术的发展和应用,为构建更加智能化、高效率的社会做出更大的贡献。

由于人工智能技术的发展日新月异,加之编者水平有限,书中难免存在疏漏和不足之处,敬请广大读者批评指正。

编　者

2024 年 10 月

目　录

第1章

走进AI时代：引领智能技术新潮流

人工智能的概念于1956年第一次被提及，发展至今已有快70年。伴随着互联网的快速发展和普及，人工智能技术与大数据、云计算等新兴技术一起，引领了信息技术领域的巨大变革和发展。这些变革深刻地影响着人类社会生活的各个方面。

现在，人工智能已经融入人们的日常学习和生活之中。在医疗领域，人工智能的应用提高了疾病诊断的准确性和效率，促进了个性化治疗的发展；在教育领域，智能化评估和个性化学习推动了教育模式的转变，提升了教学质量；在交通领域，智能交通管理系统提高了交通效率和安全性；在工业领域，智能制造和预测性维护优化了生产流程和资源利用；在金融领域，智能风险评估和交易分析提升了金融市场的稳定性和效率。

总体来说，人工智能技术的普及使得社会各行各业都面临着转型和创新，同时也带来了更高效、更便利、更智能的生活方式。本章主要阐述人工智能的定义、发展历程、特征和典型应用，同时简单介绍了实现人工智能的两种主要方法：机器学习和深度学习。

学习目标

知识目标：

1. 理解人工智能的基本概念、发展历程及未来趋势，掌握人工智能技术的核心原理和方法。

2. 了解机器学习的基本原理，包括监督学习、无监督学习、强化学习等不同类型的算法及其适用场景。

3. 了解深度学习的基本原理和模型，如神经网络、卷积神经网络、循环神经网络等，以及它们在图像识别、语音识别、自然语言处理等领域的应用。

4. 了解人工智能在不同领域的应用案例，以及人工智能如何改变人们的生活和工作方式。

能力目标：

1. 能够概述人工智能的发展历程：能够梳理人工智能从诞生到现在的主要发展阶段，以及每个阶段的重要事件和里程碑。

2. 能够比较和分析不同的人工智能技术：能够区分不同人工智能技术的特点、优势和局限性，并根据具体问题选择合适的技术方案。

3. 能够初步判断人工智能的应用前景：能够基于当前的技术和市场环境，初步判断人工智能在不同领域的应用前景和发展潜力。

素质目标:

1. 培养创新思维和解决问题的能力,能够独立思考、勇于探索,不断寻求新的方法和思路来解决复杂问题。

2. 培养批判性思维和终身学习的意识。

3. 树立责任意识,认识到人工智能技术的社会影响和责任,积极参与人工智能伦理和安全问题的探讨和实践。

1.1 人工智能的缘起

人工智能(Artificial Intelligence, AI)作为一个科学领域,起源于20世纪中叶。它的核心目标是创造出能模仿人类智能行为的机器。1943年,沃伦·麦卡洛克(Warren McCulloch)和沃尔特·皮茨(Walter Pitts)提出了"神经网络"的概念,这是AI领域的一块基石。随后,1950年,艾伦·图灵(Alan Turing)提出了著名的图灵测试,这是一个检验机器是否能展现与人类相似智能的实验。1956年,科学家约翰·麦卡锡(John McCarthy)在达特茅斯会议(Dartmouth Summer Research Project on Artificial Intelligence)上首次使用了"人工智能"这一术语,并提出了AI作为一个研究领域的构想。在此后的几十年中,人工智能领域曾多次经历起伏,但随着硬件性能的大幅提高、数据量的激增和新算法的发明,AI经历了显著的飞跃。特别是深度学习技术的兴起,使AI能够在图像和语音识别、自然语言理解以及策略性游戏等领域达到甚至超越人类的表现。

现在,我们正见证着AI技术在工业自动化、医疗诊断、个人助理和智慧城市等多个领域中不断展开其深远影响,不仅极大地扩展了人类能力的边界,也不断重新定义着未来的形态。但是,什么是人工智能?人工智能究竟是如何实现的?它又是如何影响我们的日常生活和未来发展的?让我们一起深入探讨,揭开人工智能的神秘面纱,探索其背后的原理和应用。

1.1.1 什么是人工智能

我们刚接触人工智能时,总会问这样的问题:什么是人工智能?人工智能与人的智能、动物的智能有什么区别和联系?这些问题也是学术界长期争论却又没有定论的问题。人工智能是计算机科学的一个分支,与空间技术、能源技术并称世界三大尖端技术。它是研究、开发用于模拟、延伸和扩展人的智能的理论、方法、技术及应用系统的一门新的技术科学,是自然科学、社会科学和技术科学交叉的边缘学科,涉及哲学、认知科学、数学、神经生理学、心理学、计算机科学、信息论、控制论、不确定性论、仿生学等学科。

人工智能的定义可以从"人工"和"智能"两部分进行理解。人工比较好理解,通常指由人类创造或制造的事物，与自然形成的相对；而智能是生命体（不管是低级生命还是高级生命）灵活适应环境的基本能力，是一种能适应环境、利用信息提炼知识，采取合理可行、有目的的行动，主动解决问题等的综合能力。人类作为地球上最高级的生物物种，其智能具有主观意向性，即人类具有将概念和物理实体相联系的能力，主要包括感觉、记忆、学习、思维、逻辑、理解、抽象等。人工智能试图了解智能的实质，并生产出一种新的能以与人类智能相似的方式做出反应的智能机器。然而，要对人工智能这一概念进行定义并不容易。从人工智能概念于 1956 年首次被提出至今，处于人工智能不同发展阶段的专家从不同角度给出了人工智能的很多定义。以下为不同学者从不同的角度、不同的层面给出的人工智能的定义：

1950 年，艾伦 · 图灵提出了著名的图灵测试，如图 1.1 所示。该测试认为，如果一台计算机能够通过特定的测试，使人类无法区分其回答与人类的回答，那么这台计算机就具有了智能。图灵测试成为衡量人工智能的标准之一，强调了智能的行为表现。

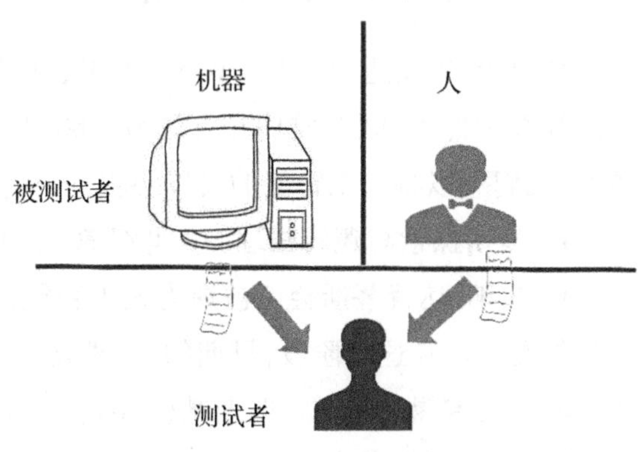

图 1.1　图灵测试示意图

1956 年，美国数学家约翰 · 麦卡锡等人在达特茅斯会议上首次提出了“人工智能”的概念，并将其定义为“研制智能机器的一门科学与技术”。

1978 年，理查德 · 贝尔曼（Richard Bellman）提出人工智能是那些与人的思维相关的活动，诸如决策、问题求解和学习等的自动化。

1985 年，尤金 · 查尔尼克（Eugene Charniak）和德鲁 · 麦克德莫特（Drew McDermott）提出，人工智能是一种让计算机能够思考，使机器具有智力的激动人心的新尝试。

1991 年，模型检查的先驱埃德蒙 · 克拉克（Edmund Clarke）在《计算机研究通信》（*Communications of the ACM*）杂志上提出了人工智能的定义，他认为人工智能是“计算机科学的一个分支，致力于开发和研究用于模拟和实现智能行为的算法和技术”。

2016 年，中国人工智能领域的杰出学者周志华将人工智能定义为“研究、开发用于模拟、延伸和扩展人的智能的理论、方法、技术及应用系统的一门新的技术科学”。

从不同学者对人工智能的定义中，可以归纳出人工智能需要具备判断、推理、证明、识别、理解、感知、学习和问题求解等诸多能力。综合来看，人工智能可以被定义为由人工设计和构建的系统或程序，具备类似于人类智能的能力，可用于模拟、延伸和扩展人类的行为、认知和思维的理论、方法、技术和应用的一个研究领域。

另外，还有的专家和学者提出强人工智能和弱人工智能的概念。强人工智能（Strong AI）指具有与人类智能相当或超越人类智能水平的人工智能系统。这种类型的人工智能系统能够理解、感知、学习、推理、解决问题和做出自主决策，甚至具有自我意识和情感。强人工智能主要分为两类：类人的人工智能和非类人的人工智能。这种强人工智能系统可以在各种领域展示出与人类智能相似的表现，并且能够独立地完成复杂的任务，甚至是超越人类智能水平的任务。弱人工智能(Weak AI)是指仅在特定任务或领域中展示出智能行为的人工智能系统。这种类型的人工智能系统虽然可以完成一定程度的智能活动，但在其他领域或任务中表现较差或无法适应。弱人工智能系统通常是针对特定问题设计的，其智能行为受限于预先定义的任务和规则，无法展现出与人类智能相媲美的广泛适应能力和灵活性。

1.1.2 国际人工智能的发展历程

从1956年在达特茅斯会议上"人工智能"作为一门新兴学科被正式提出至今，经历过几次高潮和低谷，既有成功又有失败。60多年来，人工智能的研究一直在曲折地前进。大体上，我们可以将人工智能的发展历程划分为以下6个阶段：

1. 早期探索与逻辑推理(20世纪50年代至60年代)

1956年，达特茅斯会议被视为人工智能的起源，该会议标志着人工智能作为一个独立学科的诞生。在这个阶段，早期的AI研究主要集中在逻辑推理和问题求解上。典型的例子是约翰·麦卡锡和马文·明斯基(Marvin Minsky)等人开发的早期推理系统，如逻辑理论家(Logic Theorist)和几何定理证明器(Geometry Theorem Prover)。这个阶段的一个重要事件是1957年艾伦·纽厄尔(Allen Newell)和赫伯特·亚历山大·西蒙(Herbert Alexander Simon)提出的"人工智能领域的首个提案"。图灵奖获得者约翰·麦卡锡和马文·明斯基如图1.2所示。

图1.2 图灵奖获得者约翰·麦卡锡(左)和马文·明斯基(右)

2. 符号推理与专家系统(20世纪60年代至80年代)

在这个阶段，人工智能研究聚焦于符号推理和专家系统的开发。专家系统是一种基于规则和知识库的AI系统，用于模拟人类专家在特定领域中的决策过程。在此阶段专家系统取得了一些成功，如由美国斯坦福大学爱德华·费根鲍姆（Edward Feigenbaum）等人研制的 DENDRAL 系统（用于帮助化学家判断某待定物质的分子结构的专家系统）和 MYCIN 系统（帮助细菌感染患者诊断和治疗的专家系统）。此外，约翰·豪格兰德（John Haugeland）于 1985 年出版的《人工智能：观念之基》（*Artificial Intelligence*：*The Very Idea*）是这个时期的重要著作之一，对人工智能进行了全面的概念性探讨。

3. 遇挑战与冷冻时期（20 世纪 80 年代至 90 年代）

尽管专家系统取得了一定的成功，但在这个时期，人工智能领域遇到了一系列挑战和批评。符号推理在处理实际问题时遇到了复杂性和知识获取的困难。此外，AI 系统的性能并没有达到预期，导致了人工智能的"冷冻时期"。这个阶段的一个重要事件是 1987 年罗德尼·布鲁克斯（Rodney Brooks）提出的"子弹避障"问题，强调了传统 AI 系统的局限性。

4. 知识表示与机器学习（20 世纪 90 年代至 21 世纪初）

随着时间的推移，人工智能的研究逐渐转向了知识表示与机器学习。知识表示是指如何将知识表达为计算机可以理解和处理的形式。机器学习则是一种通过让计算机系统自动学习并改进性能的方法。在这个阶段，随着数据量的增加和计算能力的提升，机器学习开始受到更多关注。1997 年，IBM 研发的专门用以分析国际象棋的超级计算机"深蓝"击败国际象棋冠军加里·卡斯帕罗夫（Garry Kasparov），成为人工智能领域的重要事件，这表明了机器在复杂智力游戏中的潜力。加里·卡斯帕罗夫与"深蓝"对战国际象棋如图 1.3 所示。

图 1.3　加里·卡斯帕罗夫与"深蓝"对战国际象棋

5. 深度学习与大数据时代（21 世纪初至 2020 年）

进入 21 世纪，深度学习和大数据技术的兴起带来了人工智能领域的新一轮发展浪潮。深度学习是一种基于神经网络的机器学习方法，通过多层次的神经网络结构实现对复杂数据的学习和理解。大数据技术提供了大规模数据的存储和处理能力，为机器学习算法的训练和应用提供了强大支持。例如，谷歌的 AlphaGo 在 2016 年击败了围棋世界冠军李世石，再次引起了全球对人工智能的关注。此外，2018 年，OpenAI 发布了语言模型 GPT-1（Generative Pre-trained Transformer 1），展示了 AI 在自然语言处理领域的巨大潜力。2023 年 3 月，百度发布了知识增强大语言 AI 模型——文心一言，这是基于飞桨深度学习平台和文心知识增强大模型开发的。ChatGPT（GPT-3.5）与文心一言输入界面如图 1.4 所示。

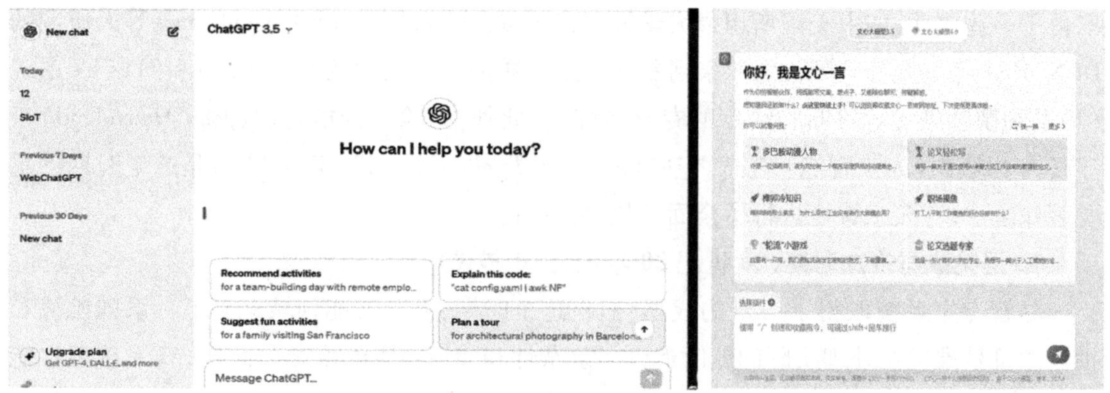

图 1.4　GPT-3.5(左)与文心一言(右)输入界面

6. 生成式人工智能技术(2020 年至今)

随着深度学习和大数据技术的不断发展,人工智能领域迎来了新的突破——生成式人工智能技术的兴起,标志着人工智能从单纯的模式识别和分类任务,向更加复杂的创造性和生成性任务的转变。生成式人工智能技术,如生成对抗网络和变分自编码器,能够生成全新的数据样本,这些样本在结构和统计特性上与训练数据相似。这种能力不仅扩展了人工智能的应用范围,还为创意产业、内容生成和数据增强等领域带来了新的可能性。

OpenAI 推出的 ChatGPT 标志着生成式人工智能(Generative Artificial Intelligence)技术在文本生成领域取得了显著进展。生成式人工智能是人工智能的一个分支,是基于算法、模型、规则生成文本、图片、声音、视频、代码等内容的技术。这种技术能够针对用户需求,依托事先训练好的多模态基础大模型等,利用用户输入的相关资料,生成具有一定逻辑性和连贯性的内容。与传统人工智能不同,生成式人工智能不仅能够对输入数据进行处理,更能学习和模拟事物内在规律,自主创造出新的内容。提供生成式人工智能产品或服务应当遵守法律法规的要求,尊重社会公德、公序良俗。

国际人工智能的发展历程经历了从早期的逻辑推理到当前的生成式人工智能技术的演变。每个阶段都有其独特的特点和重要事件,共同推动了人工智能领域的发展和进步。

1.1.3　中国人工智能的发展历程

中国在人工智能领域的发展历程可以追溯到 20 世纪 50 年代。随着国家对科学技术的重视以及信息技术的进步,中国逐渐开始了人工智能领域的研究与发展。中国人工智能发展的主要历程如下:

1. 1956 年至 1978 年:起步

中国人工智能的起步阶段主要受到西方人工智能的影响。1958 年,在华罗庚先生的建议下,哈尔滨工业大学计算机专业的专家研制出了我国第一台会下棋、会说话的计算机,如图 1.5 所示。20 世纪 60 年代,中国科学家开始尝试在语言处理、专家系统等领域进行人工智能研究。1977年，中国科学院自动化研究所基于中医专家关幼波的经验，成功研制了我国第一个中医肝病诊治专家系统，这是医学专家系统首次应用到我国传统中医领域。

图1.5 中国第一台会下棋、会说话的计算机

2. 1978年至1998年：复苏与蓬勃发展

20世纪80年代，中国开始了基于规则的专家系统研究，并取得了一些成果。1978年，智能模拟被纳入国家计划。1981年起，我国相继成立了中国人工智能学会（Chinese Association for Artificial Intelligence，CAAI）、中国计算机学会人工智能与模式识别专业委员会等学术团体。1985年10月，中国科学院合肥智能机械研究所熊范纶建成我国第一个农业专家系统"砂姜黑土小麦施肥专家咨询系统"。

随着计算机技术的发展，人工智能研究逐渐向更广泛的领域拓展，如机器学习、模式识别等。20世纪90年代初，中国成立了一些人工智能研究所和实验室，加速了人工智能研究的步伐。1997年起，科技部把智能信息处理、智能控制等项目列入国家重大基础研究发展计划。

3. 1998年至2010年：跟随国际发展趋势

进入21世纪，中国加快了对人工智能的研发投入。1998年，国家自然科学基金委员会设立了重大研究计划"智能信息处理"，推动了人工智能在中国的发展。21世纪初，中国在语音识别、机器翻译等领域取得了一些突破。2008年，百度推出了首个中文语音识别输入法"百度输入法"，为用户提供了便捷的语音输入方式，标志着中国语音识别技术在应用上取得了突破。2010年，中国科学院自动化研究所研发的"讯飞输入法"问世，实现了语音输入法的商业化应用，极大地方便了用户的日常输入操作。百度输入法和讯飞输入法语音输入界面如图1.6所示。

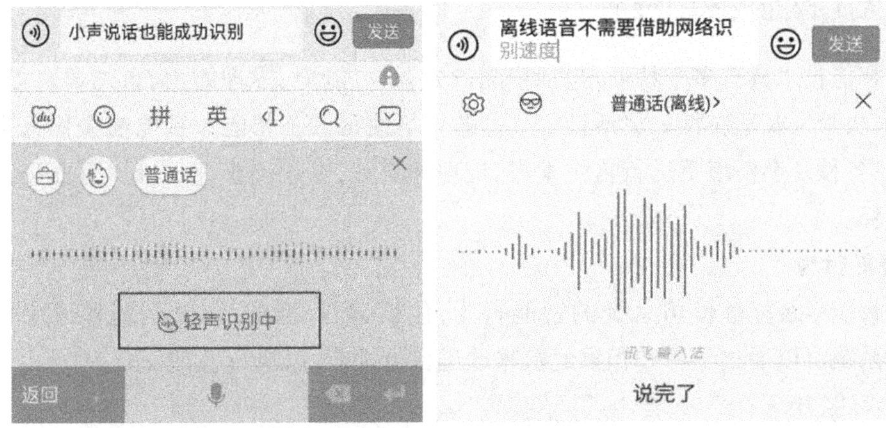

图1.6 百度输入法（左）和讯飞输入法（右）语音输入界面

4. 2010 年至今：崛起与领先地位

2010 年以来，中国在人工智能领域取得了巨大进展，成为全球人工智能领域的重要力量之一。2011 年 1 月，《中国人工智能学会通讯》正式创刊，科技部准予中国人工智能学会设立“吴文俊人工智能科学技术奖”。2014 年至今，人工智能深度学习不断发展，我国在深度学习大模型方面不断取得进展，如北京智源人工智能研究院研发的具有 1.75 万亿个参数的“悟道 2.0”、全球首个知识增强千亿大模型“鹏城-百度·文心”等，均达到世界级水平。

2016 年以来，中国人工智能学者（如李飞飞、吴恩达、何恺明、杨强等）在机器学习等诸多领域都取得了许多突破性成就。清华大学“天机芯”类脑计算取得的成就等代表着国际领先水平，为世界、国家和社会的发展做出了卓越贡献。

2017 年，国务院发布了《新一代人工智能发展规划》，明确了发展人工智能的战略目标和重点领域。中国开始在深度学习、大数据、云计算等关键技术领域加大投入，培育了一批优秀的人工智能企业，如百度、腾讯、阿里巴巴等。同时，该文件提出了“智能+”的发展战略，推动人工智能与各行各业的深度融合，促进经济社会的发展。2021 年，中国火星探测工程联合百度发布的全球首辆火星车数字人“祝融号”亮相，如图 1.7 所示。这是百度在积累多年的数字人技术体系下，通过轻量深度神经网络模型和高精度 4D 扫描的口型预测技术等先进技术创造而来的 AI 数字人，展示了中国在人工智能技术应用方面的领先地位。

图 1.7　火星车数字人“祝融号”

总的来说，中国在人工智能领域的发展历程经历了起步阶段、复苏与蓬勃发展阶段、跟随国际发展趋势阶段和崛起与领先地位阶段。未来，中国将继续加大对人工智能的投入，推动人工智能技术的创新与应用，为实现经济社会的高质量发展做出更大贡献。

1.1.4　人工智能技术的特征

人工智能技术具有多个特征，包括智能行为、学习能力、推理能力、自然语言处理、感知能力、自主决策以及适应性和灵活性等。这些特征使得人工智能系统能够模仿人类的智能行为，并在各种复杂情境下进行自主学习、推理和决策，以达到预期目标。下面将对这些特征进行解释。

1. 智能行为

人工智能系统能够模仿人类的智能行为，包括学习、推理、解决问题和适应环境等能力。这些系统可以通过学习和积累经验来改进自身性能，以执行各种任务。

2. 学习能力

AI 系统具有学习能力，能够从数据中自动学习并提高性能。这种学习可以是监督学习、无监督学习或强化学习等形式，使得系统能够不断适应新的情况和需求。

3. 推理能力

AI 系统可以进行推理，即基于已知信息和规则来推导出新的结论或解决问题。这种推理能力使得系统能够理解复杂的情境，并做出相应的决策。

4. 自然语言处理

人工智能系统能够理解、处理和生成自然语言。这项技术使得系统能够与人类进行自然的交流和沟通，这包括语音识别、语言理解、机器翻译等多个方面。

5. 感知能力

AI 系统能够感知和理解环境中的信息，包括图像、声音、视频等多种形式的数据。这种感知能力使得系统能够进行视觉识别、语音识别、物体识别等任务。

6. 自主决策

一些高级 AI 系统具有自主决策能力，能够在复杂环境中进行规划和决策，以达到预定的目标。这种能力使得系统能够自主执行任务，而不需要人类的干预。

7. 适应性和灵活性

AI 系统具有适应新情况和环境的能力，能够灵活地调整自身行为以适应变化。这种特征使得系统能够在不同的场景和任务中发挥作用。

这些特征来源于计算机科学、认知心理学、神经科学等多个学科领域，是人工智能技术的核心特征，它们使得人工智能系统能够模拟和实现人类智能的各种方面。

1.1.5　人工智能的典型应用

随着人工智能进入新时代，其已经在各个领域展现出了广泛的应用，从日常生活到工业生产，都有着丰富多样的应用场景，人工智能元素的加入促进了各行各业的飞速发展，并为人们生活的升级注入了新的动力。下面我们将介绍一些典型的应用。

1. 智能助理

智能助理是人工智能技术在日常生活中的典型应用之一，它能够理解自然语言并执行用户指令，帮助人们处理日常任务。智能助理的特点包括语音识别、自然语言处理和个性化服务。国际上的代表性应用有苹果的 Siri、亚马逊的 Alexa 和谷歌的 Google Assistant。在中国，百度的度秘、腾讯的小微助手和阿里的天猫精灵也是智能助理的代表性应用。度秘和天猫精灵 Sound Pro 智能音箱如图 1.8 所示。

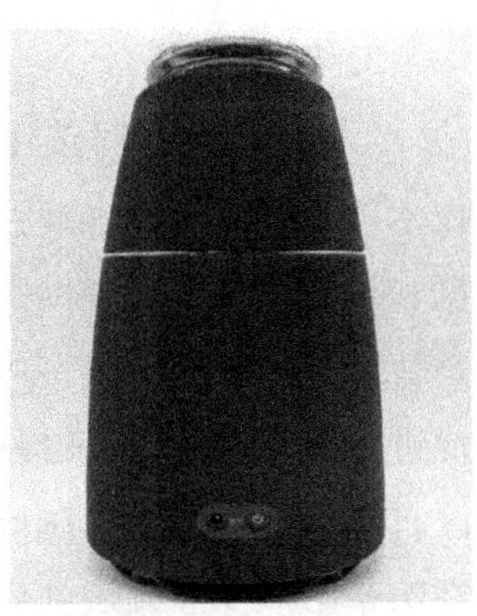

图 1.8　度秘（左）和天猫精灵 Sound Pro 智能音箱（右）

2. 智能交通

人工智能在交通领域的应用包括交通管理、智能驾驶和交通预测等方面。智能交通系统能够通过数据分析和模型预测优化交通流量,减少拥堵和事故发生。自动驾驶则是智能交通的一种典型应用,它利用人工智能技术和传感器设备,使车辆能够在不需要人类驾驶员干预的情况下自动行驶。自动驾驶系统依赖于各种传感器(如摄像头、激光雷达、雷达等)收集周围环境信息,并通过计算机视觉、机器学习等技术进行感知和决策,从而实现车辆的自主导航和控制。

国际上,谷歌地图(Google Maps)和 Waze 等导航系统都是利用实时数据和智能算法为用户提供最佳路线。在中国,滴滴出行的智能调度系统和城市交通管理部门的智能信号灯优化方案也是人工智能在智能交通领域的典型应用。而在自动驾驶方面,我国的百度、上海汽车,以及国外的苹果等科技公司都在积极研发。在国内,北京、上海、广州、武汉、长沙、无锡、重庆、深圳、厦门、南京、济南等 16 个城市已设置了自动驾驶车的测试道路。图 1.9 所示为无人驾驶车。

图 1.9　无人驾驶车

3. 医疗健康

“AI+医疗健康”正在成为走入现实生活的数字场景之一。在医疗健康领域,人工智能技术被广泛应用于疾病诊断、药物研发、个性化治疗等方面。智能医疗系统能够利用大数据和机器学习算法辅助医生进行诊断和治疗决策,提高医疗效率和准确性。医学图像处理是智能医疗系统的典型应用,它可以利用计算机图像处理技术对 X 射线、超声波等医学图像进行图像分割、特征提取、定量分析和对比分析等,从而进一步完成病灶识别与标注、靶区自动勾画等工作。国际上的典型案例包括 IBM 的 Watson 医疗助手和谷歌的 DeepMind 在医学影像诊断领域的应用。在中国,阿里的智能影像诊断系统和京东的健康智能助手也在推动医疗健康领域的创新。图 1.10 所示为“智能+医疗健康”的应用场景。

图 1.10　“智能+医疗健康”应用场景

4. 智能制造

在工业生产领域，人工智能技术被应用于智能制造、预测维护和自动化生产等方面。智能制造系统能够通过传感器和数据分析实现生产过程的智能监控和优化，提高生产效率和质量。国际上的典型案例有通用电气（General Electric Company）的 Predix 平台和西门子（SIEMENS AG）的工厂自动化系统。在中国，华为云的工业互联网平台和百度的智能工厂解决方案也在推动智能制造的发展。智能制造应用场景如图 1.11 所示。

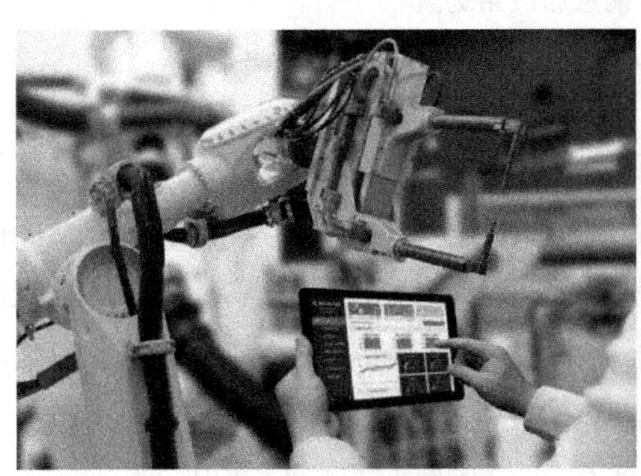

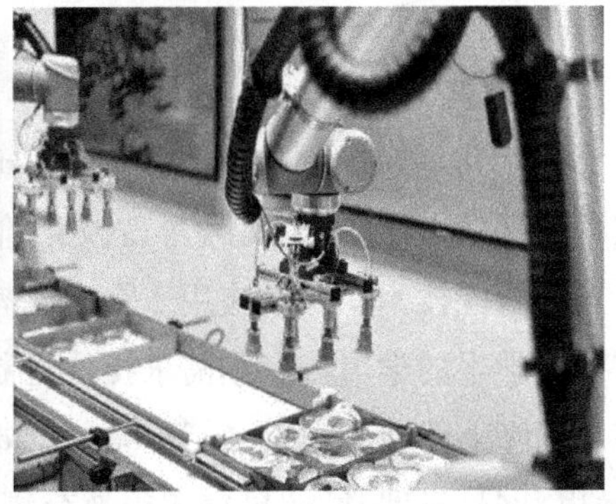

图 1.11　智能制造应用场景

5. 智能家居

在智能家居中，人工智能技术将家庭设备和系统连接起来，实现智能化控制、自动化操作，并提供更智能、便捷、舒适的生活体验。其特点包括智能化控制、个性化定制和自动化管理。国际上，亚马逊的 Echo 系列智能音箱利用语音识别技术实现语音控制家居设备；谷歌的 Nest 智能恒温器通过学习用户的生活习惯自动调节室内温度；苹果的 HomeKit 平台提供了统一的智能家居控制中心。在中国，小米的米家智能家居生态系统提供了覆盖各个领域的智能家居产品线，如智能摄像头、智能门锁、智能灯具等，通过智能网关实现产品的联动控制。华为的智能全屋系统提供了一种智能家居解决方案，该系统整合了华为的物联网技术、云计算平台和人工智能算法，能够实现家庭设备之间的联动控制、智能化管理和个性化定制。阿里巴巴的天猫精灵智能音箱除了语音控制家居设备外，还能连接阿里生态下的智能硬件产品，实现更广泛的场景联动。这些应用不仅提升了家庭生活的舒适度和便捷性，也为用户带来了智能化、个性化的生活体验。智能家居应用场景如图 1.12 所示。

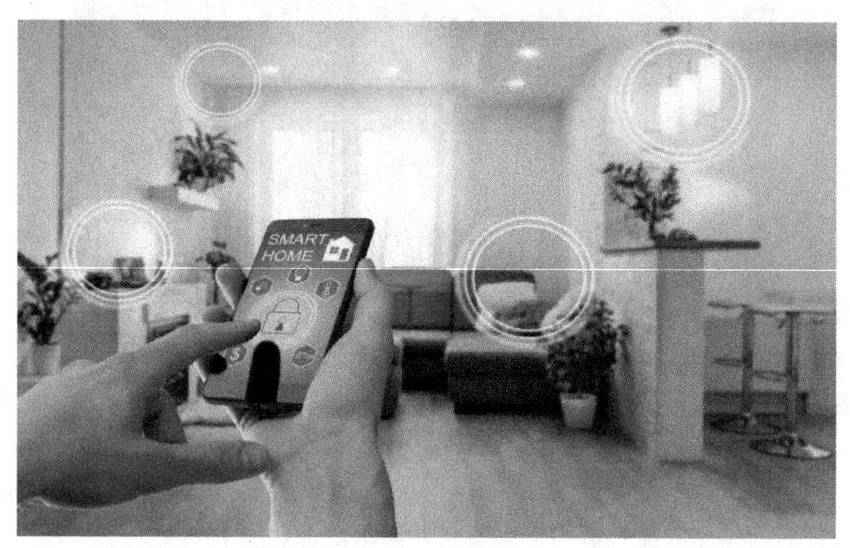

图 1.12　智能家居应用场景

6. 智慧教育

教育数字化、智能化是主动适应新一轮科技革命和产业变革的必然选择，是促进更高质量教育公平的必然要求，是教育普及化阶段的必然趋势，也是推动教育创新发展的必由之路。人工智能技术广泛被应用于个性化教学、智能辅导和在线学习等方面。智慧教育系统能够根据学生的学习特点和需求提供定制化的教学内容和评估方式，提高学习效果和教学效率。国际上的典型案例包括 Khan Academy 和 Coursera 等在线学习平台。在中国，作业帮、学而思、网易云课堂、超星集团等教育科技公司也在推动智能教育的发展。

2022 年，国家智慧教育平台上线，面向师生和社会公众提供网络课程、数字教材、数字图书、教学课件、教学案例、虚拟实验实训、在线教研视频、教学应用与工具等类型的教学和学习资源。该平台具有学生学习、教师教学、学校治理、教育创新等功能，是促进教育公平和质量提升、缩小数字鸿沟、推动教育服务共同富裕的有效支撑，是为构建网络化、数字化、个性化、终身化教育体系的重要一步。截至 2023 年底，国家智慧教育平台累计注册用户突破 1 亿，浏览量超过 367 亿次，访客量达 25 亿人次，为全国乃至全球各层次学生和教师提供了良好的线上教育资源和智慧学习平台。国家教育公共服务平台主页如图 1.13 所示。

图 1.13　国家教育公共服务平台主页

虽然人工智能技术在各个领域有着巨大潜力和广泛的应用前景，但同时也面临着数据隐私、伦理道德和安全风险等挑战，需要进一步完善相关法律法规和技术手段，来保障人类利益和社会稳定。

1.2　机器学习与深度学习

由前文可知，人工智能应用广泛，旨在利用计算机技术让机器能够像人一样思考、学习和解决问题。在众多技术中，常用的技术就是机器学习和深度学习。机器学习是人工智能的一个子集，它利用算法和统计模型，使计算机能够自动地从数据中学习和改进，而无需进行明确的编程。深度学习则是机器学习的一个分支，它基于神经网络模型，特别擅长处理大规模、高维度的数据。深度学习为机器学习提供了强大的工具，而机器学习又为人工智能的发展提供了重要的支撑。人工智能与机器学习、深度学习的关系如图 1.14 所示。下面我们将对机器学习和深度学习进行简单介绍，后面的章节将进行详细介绍。

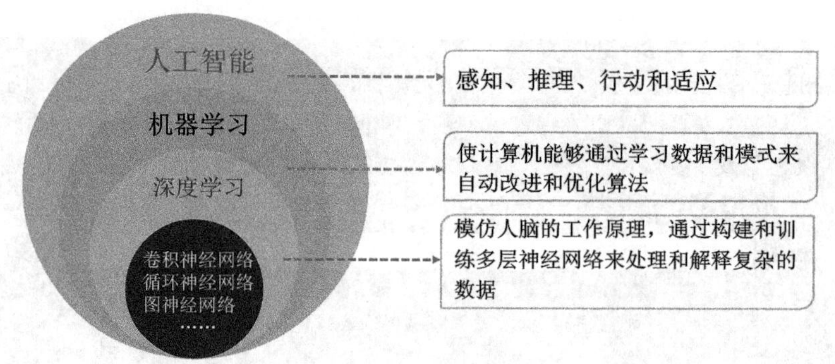

图 1.14　人工智能与机器学习、深度学习的关系

1.2.1　初识机器学习

有“全球机器学习教父”之称的汤姆·米切尔(Tom Mitchell)将机器学习定义为：对于某类任务 T 和性能度量 P，如果计算机程序在 T 上以 P 衡量的性能随着经验 E 而自我完善，就称这个计算机程序为“从经验 E 学习”。简单来说就是，当一个计算机程序在执行某项任务时，它的表现会随着不断的实践和经验积累而变得更好。如果我们用某种标准来衡量它在这项任务上的表现，并且发现随着时间推移，其表现越来越好，那么我们就说这个计算机程序是通过经验学习来改进自己的表现。这个定义比较简单抽象，一般来说，机器学习就是使机器(即计算机)具备学习新知识和新技术，并在实践中不断改进和完善的能力。

1. 机器学习的特点

相较于传统算法，机器学习具有以下几个显著的特点：

(1) 自动化学习

机器学习算法能够从数据中自动学习，并不断优化模型以提高性能。与传统的手工编程方法相比，机器学习能够更好地适应不同的数据和任务，并且能够通过不断学习和迭代改进模型。

(2) 泛化能力

机器学习模型具有一定的泛化能力，即能够在未见过的数据上表现良好。通过从训练数据中学习到的模式和规律，机器学习模型能够对新的数据进行准确的预测或者分类。

(3) 数据驱动

机器学习算法的学习过程是基于数据的，因此数据质量和数量对机器学习的效果至关重要。高质量和丰富的数据能够帮助模型更好地学习到数据中的模式和规律，从而提高模型的性能。

(4) 迭代优化

机器学习算法通常是通过迭代优化的方式来学习和改进模型。在训练过程中，模型会不断调整参数以最小化损失函数，从而使模型在训练数据上的预测误差最小化。

(5) 模型选择

机器学习涉及选择合适的模型结构和算法来解决特定的问题。根据问题的性质和数据的特点，选择合适的机器学习模型是非常重要的。

(6) 应用广泛

机器学习算法在各个领域都有着广泛的应用，包括但不限于图像识别、语音识别、自然语言处理、推荐系统、金融预测、医学诊断等。机器学习已经成为解决各种复杂问题的重要工具之一。

(7) 实时性要求不高

机器学习模型通常需要在离线环境中进行训练，需要较长的时间和大量的计算资源。但是在实际应用中，训练好的模型可以在实时或者近实时的情况下进行预测和推理，因此对实时性的要求不高。

综上所述，机器学习具有自动化学习、泛化能力、数据驱动、迭代优化、模型选择、应用广泛、实时性要求不高等特点，使其成为解决各种复杂问题的重要工具。

2. 机器学习算法的工作流程

机器学习过程并不是告诉机器该怎么做，而是告诉它该怎么学习。在这个学习的过程中，机器从数据里提取特征，当然，这需要大量的数据支持。机器学习算法的一般流程如图1.15所示。首先，对收集的原始数据集进行预处理，使其适合用于机器学习模型训练，然后将数据集划分为训练集和测试集。训练集用于模型的训练，通过对训练集数据的观察和学习，逐渐提取出最能表征数据的特征，并将其映射到模型的参数空间中；测试集则用于最终评估模型的泛化能力。接下来，根据问题的性质和数据的特点来选择适当的机器学习算法或模型结构。常见的机器学习模型包括线性回归、逻辑回归、决策树、支持向量机、神经网络等。在训练过程中，要不断调整参数来优化模型，通过不断迭代，得到训练结果。最后，用测试集评估训练好的模型的性能。评估指标可以根据问题的性质而定，例如，分类问题可以使用准确率、精确率、召回率等指标，回归问题可以使用均方误差(Mean Squared Error, MSE)等指标。

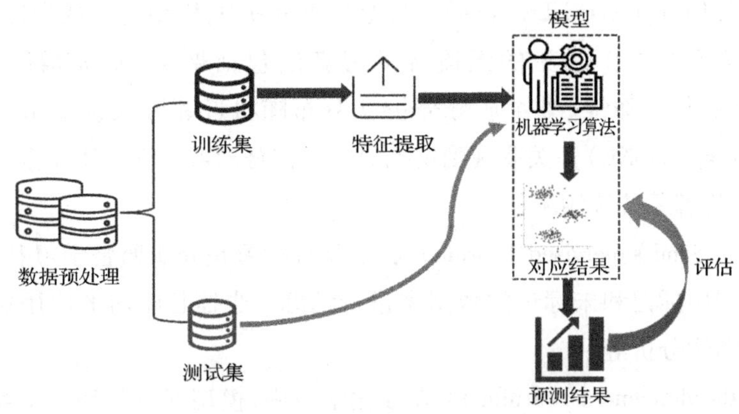

图1.15　机器学习算法的一般流程

例如,我们希望让计算机系统能够自动识别手写的数字,这样可以应用于实际生活中的自动识别银行支票上的金额、邮政编码等。在这个过程中,我们首先需要收集一批手写数字的数据集,这个数据集中包括了大量的手写数字图像以及它们对应的标签(即真实的数字)。然后,我们利用这些数据集对机器学习模型进行训练。在训练过程中,机器学习模型会逐渐调整自身的参数,以使得它能够更准确地从图像中识别出对应的数字。训练完成后,我们可以使用这个训练好的模型来对新的手写数字图像进行识别。这样,当有一张新的手写数字图像输入到系统中时,模型会根据自身学习到的规律和模式,预测出这个图像所代表的数字。如果模型在训练过程中学习到了足够多的有效特征和规律,那么它在识别手写数字方面的表现就会非常准确和可靠。但是,对于一些复杂的问题,机器学习并不能解决,如需要在一张照片上找到所有人的面部。利用机器学习解决这个问题是非常困难的,这是因为这些照片的特征是多样的,有的人留着长发,有的人戴着眼镜,还有拍照时的各种不同表情等,所以并不能完全保证利用这些特征能够准确找到人脸。

在利用机器学习的方法解决问题时,根据具体的问题和数据特点选择合适的算法和方法是至关重要的。机器学习算法可以根据其学习方式、目标函数、模型结构等方面进行分类。下面,我们对机器学习中的算法进行简单介绍,后面的章节会重点介绍常用的算法及其应用。

(1) 按学习方式分类

如图 1.16 所示,机器算法按学习方式可分为监督学习、无监督学习、半监督学习和强化学习。

监督学习(Supervised Learning):在监督学习中,模型是通过标记好的训练数据集来学习输入和输出之间的映射关系。常见的监督学习算法包括线性回归、逻辑回归、支持向量机(SVM)、决策树、随机森林、神经网络等。监督学习广泛应用于分类、回归、目标检测、语音识别、自然语言处理等领域。

无监督学习(Unsupervised Learning):在无监督学习中,模型需要从未标记的数据中学习出数据的结构和模式。常见的无监督学习算法包括聚类[如 k-均值聚类(k-means clustering)、层次聚类]、降维[如主成分分析、t 分布随机近邻嵌入(t-Distributed Stochastic Neighbor Embedding, t-SNE)]、关联规则挖掘等。无监督学习广泛应用于数据分析、数据可视化、异常检测、推荐系统等领域。

半监督学习(Semi-supervised Learning):半监督学习是介于监督学习和无监督学习之间的学习方式,利用标记和未标记的数据来进行训练。半监督学习的应用包括文本分类、图像分类、医学图像分析等。

强化学习(Reinforcement Learning):在强化学习中,模型通过与环境交互,通过试错的方式学习如何做出最优的决策。强化学习常用于游戏、机器人控制、自动驾驶等领域。

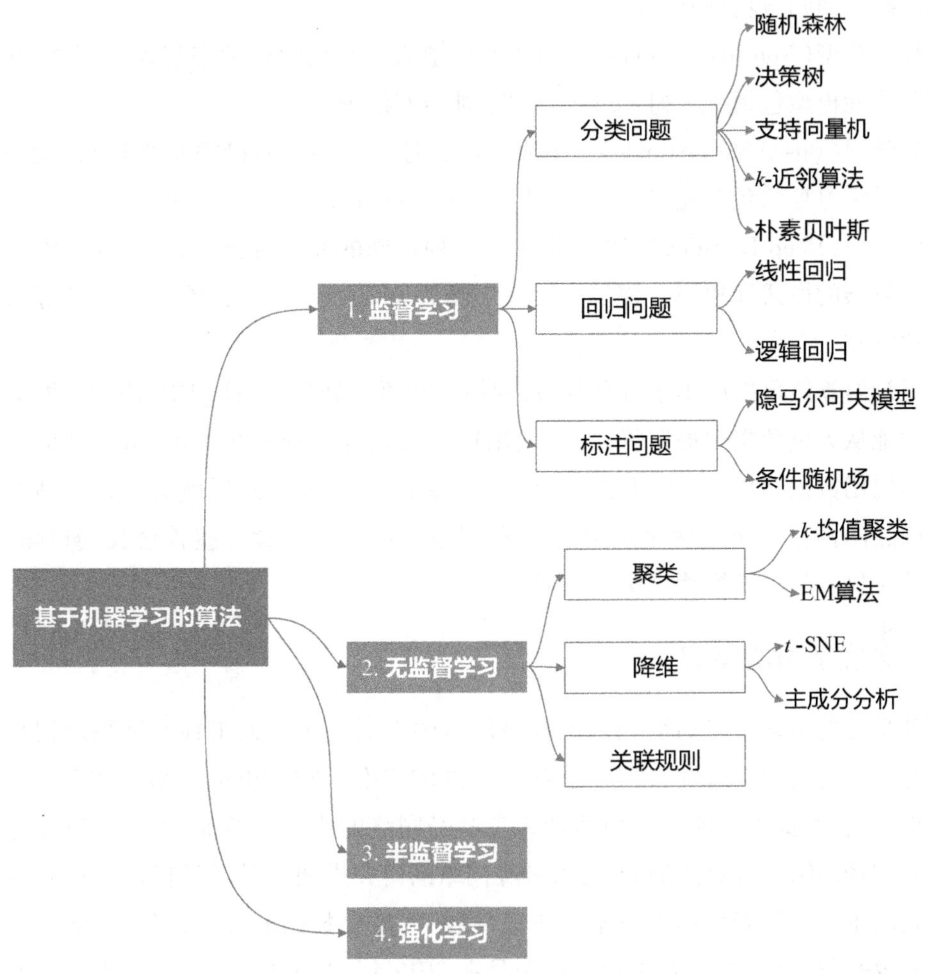

图 1.16　按学习方式对基于机器学习算法的分类

(2) 按目标函数分类

分类(Classification)：分类算法用于将数据分为不同的类别或者标签。常见的分类问题包括垃圾邮件分类、疾病诊断、图像识别等。

回归(Regression)：回归算法用于预测连续型的数值输出。常见的回归问题包括房价预测、股票价格预测、销售预测等。

聚类(Clustering)：聚类算法用于将数据分成具有相似特征的组。常见的聚类问题包括市场细分、社交网络分析、图像分割等。

降维(Dimensionality Reduction)：降维算法用于减少数据的维度,保留最重要的特征。常见的降维方法包括主成分分析(Principal Components Analysis, PCA)、线性判别分析(Linear Discriminant Analysis, LDA)等。

(3) 按模型结构分类

线性模型(Linear Model)：线性模型通过线性组合输入特征来进行预测。常见的线性模型包括线性回归、逻辑回归等。

非线性模型(Non-linear Model):非线性模型通过非线性函数来建模数据之间的关系。常见的非线性模型包括决策树、支持向量机、神经网络等。

集成学习(Ensemble Learning):集成学习通过组合多个基础模型来提高模型的性能。常见的集成学习算法包括随机森林、梯度提升树(Gradient Boosting Trees)等。

深度学习(Deep Learning):深度学习是一种特殊的非线性模型,通常使用深层神经网络来学习复杂的模式和规律。深度学习在图像识别、语音识别、自然语言处理等领域取得了重大的突破。

机器学习算法可以应用于各种领域,例如自然语言处理、图像识别、医学诊断等。它们可以自动地从大量数据中提取模式,并使用这些模式进行预测和决策,从而帮助人们更好地理解和应用数据。例如,我们在购物网站上买了一个商品,然后就会在该网站上不断收到类似商品的推荐;有时购物网站或应用程序也会向我们推荐一些符合我们口味的商品,这背后就是机器学习的推荐算法的功劳。

1.2.2 深度学习的崛起

深度学习的由来可以追溯到人工神经网络的发展历史。人工神经网络最初是受到对生物神经系统的模拟而启发,20 世纪 40 年代和 50 年代,在生物学家、数学家和计算机科学家的合作下,首次提出了神经元模型和人工神经网络的概念。然而,由于当时计算机性能的限制和神经网络训练算法的局限性,神经网络的研究进展缓慢,直到 20 世纪 80 年代末才得到一定的重视。随着计算机技术的快速发展、大规模数据的普及,以及算法的改进和硬件的提升,深度学习开始崭露头角。特别是在 2012 年,Alex Krizhevsky 等人利用卷积神经网络(Convolutional Neural Network,CNN)赢得了 ImageNet 图像识别比赛,引起了全球范围内对深度学习的关注和热潮。如今,深度学习已经成为人工智能领域的研究热点,并在各个领域都取得了重大的成就,为人类社会带来了深远的影响。

深度学习是机器学习的一个分支,与传统机器学习相比,它除了继承“学习”之外,“深度”是其区别于其他方法的特征之一。在人工智能中,深度学习等同于人工神经网络或深层神经网络,因此,“深度”是指神经网络的网络层次。利用深度学习里的卷积神经网络(CNN)模型能够有效地处理具有不同姿态、表情、光照和遮挡等复杂情况下的面部图像。

1. 深度学习的特点

与机器学习相比较,深度学习作为机器学习的一个分支,有着其独特显著的特点:

(1) 高度抽象的特征学习

深度学习模型通过多层次的神经网络结构,能够自动地从原始数据中学习到高度抽象的特征表示。这些特征表示可以更好地捕捉数据中的模式和规律,使得模型在处理复杂数据时具有更强的表现力和泛化能力。

（2）端到端学习

深度学习模型通常是端到端（End-to-End）的学习方式，即直接从原始输入到最终输出进行学习，中间不需要手工设计特征或者进行复杂的预处理。这使得深度学习模型能够更好地适应不同的任务和数据特点，减少了人工干预的需要。

（3）大规模数据训练

深度学习模型通常需要大量的数据进行训练，以学习到更加准确和泛化的模型。这种大规模数据训练的方式可以使模型更好地捕捉数据中的统计规律和变化，从而提高模型的性能和鲁棒性。

（4）分层表示学习

深度学习模型通过多层次的神经网络结构进行分层表示学习，逐步将原始数据转化为更加抽象和有意义的表示。这种分层表示学习可以帮助模型更好地理解数据的层次结构和复杂关系，提高模型的学习效率和性能。

（5）灵活性和通用性

深度学习模型具有很强的灵活性和通用性，可以应用于各种不同类型的数据和任务。例如，深度学习模型可以用于图像识别、语音识别、自然语言处理等多个领域，并且在各种任务上都取得了很好的效果。

（6）硬件依赖

深度学习模型通常需要大量的计算资源进行训练和推理，因此对硬件设备有一定的依赖性。尤其是在训练大型深度神经网络模型时，需要使用高性能的 GPU 或者 TPU 等硬件加速器。

综上所述，深度学习具有高度抽象的特征学习、端到端学习、大规模数据训练、分层表示学习、灵活性和通用性等特点，使其成为解决复杂数据和任务的强大工具。然而，深度学习模型也存在训练难度大、需要大量数据和计算资源、模型解释性差等挑战，需要综合考虑和解决。

2. 深度学习工作的一般流程

深度学习在使用时，其工作流程与机器学习的使用类似，如图 1.17 所示，以下我们主要说明其不同于机器学习的步骤。

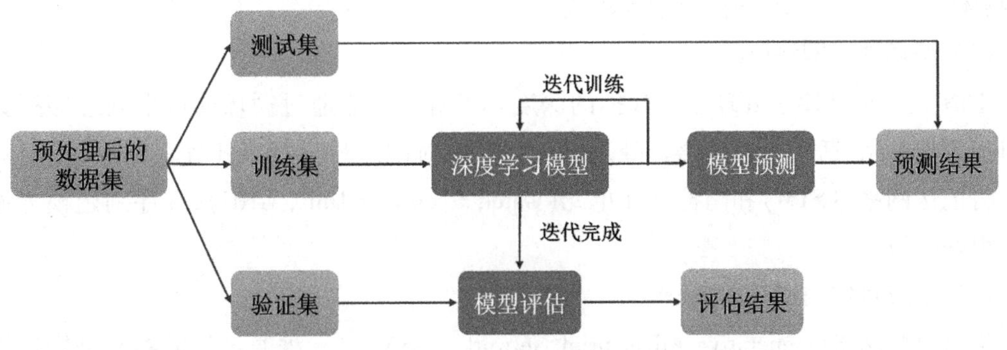

图 1.17　深度学习的一般流程

(1) 数据集划分：将预处理后带有标签的数据集可如前面所述划分为训练集和测试集。如果数据集的数据量较小或者模型复杂度较高，则将预处理后的数据集分为训练集、验证集和测试集。利用验证集来评估模型的性能并进行超参数调优，然后最终在测试集上评估模型的泛化能力。

(2) 选择模型架构：根据问题的性质，选择适当的深度学习模型架构，如卷积神经网络、循环神经网络（Recurrent Neural Network，RNN）或长短时记忆网络（Long Short-Term Memory，LSTM）等。在这一步骤中，还需要设计网络的层数和结构，选择激活函数、优化器等，并调整超参数以优化模型的性能。

(3) 模型训练：在定义了网络结构和优化目标后，开始训练模型。训练过程中，模型会尝试找到最优解或次优解，以最小化预定义的损失函数。

(4) 模型评估与调整：使用验证集评估模型的性能，检查是否存在过拟合或欠拟合问题。根据评估结果，对模型进行必要的调整和改进。通常采用准确率（Accuracy）、精确率（Precision）、召回率（Recall）和 F1 值等指标来评估模型的分类效果。

(5) 模型测试和部署：使用测试集评估模型的最终性能。如果性能达到预期，就可以将模型部署到实际应用中。

需要注意的是，深度学习流程并不是线性的，而是一个迭代的过程。在模型评估、调整和测试阶段，如果发现模型的性能不佳，可能需要回到数据预处理或模型架构选择阶段，重新进行调整和优化。

此外，深度学习流程的成功还依赖于算法的选择、超参数的调整以及计算资源的充足性等因素。因此，在实际应用中，需要根据具体情况灵活调整深度学习流程的各个步骤。

3. 深度学习算法的分类

深度学习算法根据网络结构和学习方式的不同，可以分为多种不同类型，每种类型都有其特定的应用范围和优势。下面列举几种常见的深度学习算法。

(1) 卷积神经网络（CNN）

CNN 是一种专门用于处理图像数据的深度学习算法。它通过卷积层、池化层和全连接层等结构来提取图像中的特征，并进行分类、检测或分割等任务。CNN 广泛应用于图像识别、物体检测、人脸识别、图像分割等领域。

(2) 循环神经网络（RNN）

RNN 是一种适用于处理序列数据的深度学习算法。它通过循环连接来处理序列数据的时间依赖关系，适用于自然语言处理、语音识别、时间序列预测等任务。RNN 的变体，如长短时记忆网络（LSTM）和门控循环单元（Gated Recurrent Unit，GRU），在序列建模方面取得了很好的效果。

(3) 生成对抗网络（GAN）

生成对抗网络（Generative Adversarial Network，GAN）是一种通过生成器和判别器博弈的方式来学习数据分布的深度学习算法。它在图像生成、图像编辑、图像增强等任务中表现出色，还广泛应用于风格迁移、视频生成等领域。

（4）自动编码器（AE）

自动编码器（Autoencoder，AE）是一种通过无监督学习来学习数据的压缩表示的深度学习算法。它广泛应用于特征学习、数据降维、图像去噪等任务。

（5）注意力机制（Attention）

注意力机制是一种能够根据输入数据的不同重要性动态调整模型权重的深度学习算法。它在自然语言处理、图像处理、语音识别等领域取得了很好的效果。

总的来说，不同类型的深度学习算法具有各自的特点和适用范围，可以根据具体的任务需求选择合适的算法进行应用。深度学习算法在图像处理、自然语言处理、语音识别、智能控制等领域都有着广泛的应用前景。

4. 深度学习常用框架

深度学习领域涌现了许多优秀的框架，其中一些常用的包括 TensorFlow、PyTorch、Keras、MXNet 等，它们各自具有一些特点和优势。下面我们进行简单介绍。

（1）TensorFlow

TensorFlow 是由 Google 开发的开源深度学习框架，具有强大的灵活性和广泛的支持，被广泛应用于各种领域的研究和工程实践。TensorFlow 的特点包括：支持静态计算图和动态计算图、具备分布式计算和部署的能力、提供丰富的高级 API 和工具库、跨平台支持等。TensorFlow 还具有较好的生态系统，拥有大量的社区支持和丰富的文档资料，使得用户可以快速上手并解决各种问题。

（2）PyTorch

PyTorch 是由 Facebook 开发的动态图深度学习框架，其设计理念更接近于 Python 的编程方式，使得用户更容易理解和使用。PyTorch 的特点包括：具有动态计算图的优势、API 设计简洁明了、易于调试和可扩展性强、社区活跃度高等。PyTorch 还在研究领域具有较大影响力，很多最新的研究成果都会首先在 PyTorch 中实现和发布。

（3）Keras

Keras 是一个高级深度学习 API，可以运行在 TensorFlow、Theano、MXNet 等后端上，提供了简单而高效的接口，使得用户能够快速搭建和训练深度学习模型。Keras 的特点包括：API 简单易用、具备模块化和可扩展的架构、提供丰富的预训练模型和层次库、支持多种后端等。Keras 适合初学者和快速原型设计，也可以作为高级研究人员的工具之一。目前，Keras 框架已经被集成到 TensorFlow 里了，在 TensorFlow 2.0 及其之后的版本中，Keras 已经成为 TensorFlow 的默认高级 API，使得用户可以更加方便地使用 Keras 构建、训练和评估深度学习模型。（Keras 已经完全集成于 TensorFlow 框架下了，不是严格意义的独立框架。）

(4) MXNet

MXNet 是由亚马逊开发的开源深度学习框架,具有高效的分布式计算和灵活的混合前端特性,能够在不同硬件上实现高性能的深度学习模型训练和推理。MXNet 的特点包括:动态静态混合图的支持、高性能的分布式计算、灵活的混合前端、简洁的 API 设计、广泛的硬件支持等。MXNet 还具有丰富的文档和教程,使得用户可以快速上手并开展深度学习项目。

以上这些深度学习框架各有特色,我们可以根据自己的需求和偏好选择合适的框架进行学习。

1.2.3 神经网络的魅力

要学习深度学习,就要先了解神经网络(Neural Network,NN),或者称之为人工神经网络(Artificial Neural Network, ANN),因为深度学习是传统神经网络算法的延伸。神经网络依靠复杂的系统结构,通过调整内部大量神经元(节点)之间的连接关系来处理信息。神经网络能够将从样本数据中学习的结果分步存储在神经元中。神经网络由大量的神经元(节点)相互连接而成,每个神经元接收来自其他神经元的输入信号,并根据自身的权重和激活函数处理这些信号,然后输出到下一层神经元。神经元模型早期称为感知机,后来将所有的感知机连接起来,形成网络。神经元的结构如图 1.18 所示。

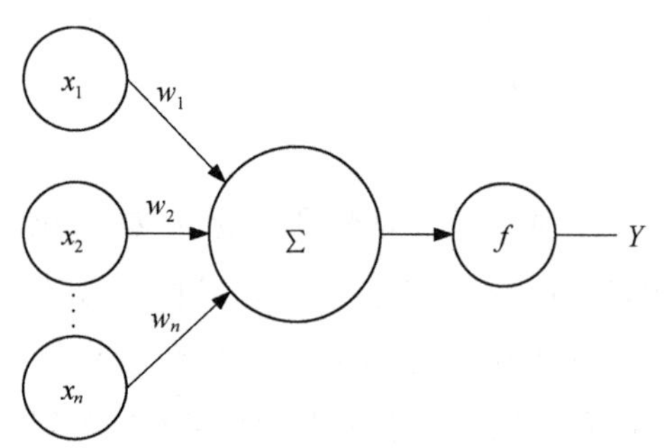

图 1.18 神经元示意图

图中 $x_1 \sim x_n$ 表示一组输入变量,$w_1 \sim w_n$ 为输入变量对应的权重,如输入 x_1 的权重为 w_1。神经元对所有的输入变量进行加权求和,其公式如式(1.1)所示:

$$\text{sum} = x_1 w_1 + \cdots + x_n w_n = \sum_{i=1}^{n} x_i w_i \tag{1.1}$$

输出的加权求和 sum 送入激活函数 f,经过线性或者非线性函数进行激活,得到神经元的输入为 Y,Y 可表示为 $Y=f(\text{sum}+b)$,其中 b 为偏置变量,用于控制神经元被激活的难易程度,它允许网络将激活函数"向上"或者"向下"转移。这种灵活性对于深度学习的成功是非常重要的。常用的激活函数有 SoftMax、Sigmoid、Tanh、ReLU 等。一个神经元可以有多个输出 $Y_1, Y_2, \cdots, Y_n$ 对应于不同的激活函数 $f_1, f_2, \cdots, f_n$。

通过连接多个神经元并组织成多层次的结构,可以构建出复杂的神经网络模型,以解决各种复杂的任务和问题。神经网络是一个有向图,以神经元为顶点,神经元的输入为顶点的入边,神经元的输出为顶点的出边。因此,神经网络实际上是一个计算图,直观地展示了一系列对数据进行计算操作的过程。神经网络示意图如图 1.19 所示。

神经网络是一个端到端的系统，这个系统接受一定形式的数据作为输入，经过系统内的一系列计算操作后，给出一定形式的数据作为输出；系统内的运算可以被视为一个黑箱子，这与人类的认知在一定程度上具有相似性。例如，我们用神经网络的模型实现对猫狗的识别，如图 1.20 所示。当我们输入一张猫或狗图片时，神经网络接收预处理后的图片作为输入，经过一系列的加权求和和非线性变换后，输出分类结果，显示这张图片是“猫”“狗”还是“其他”。

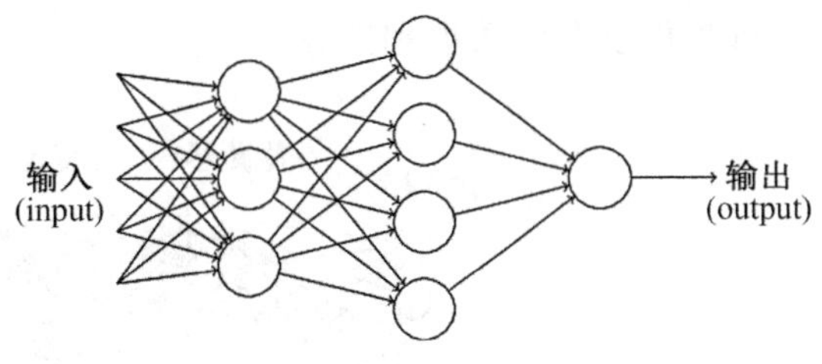

图 1.19 神经网络示意图

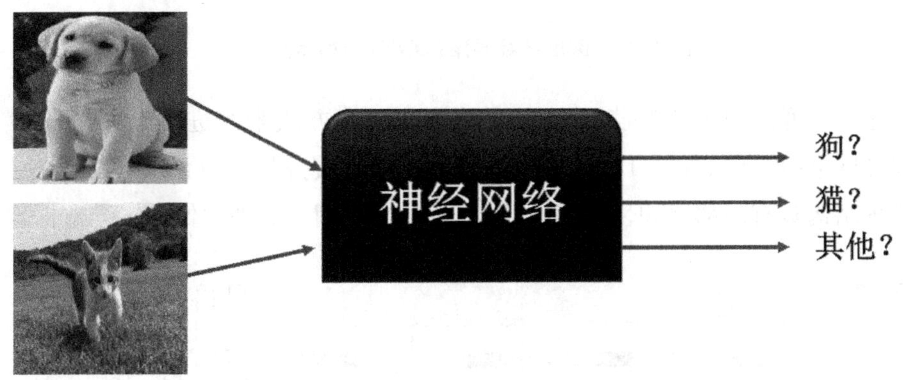

图 1.20 神经网络的作用说明

通常地，为了直观起见，人们对神经网络中的各顶点进行了层次划分。神经网络的基本结构包括输入层、隐藏层和输出层。输入层负责接收原始数据，隐藏层则对数据进行逐步的抽象和转换，输出层则产生最终的预测或分类结果。神经网络的经典结构如图 1.21 所示。

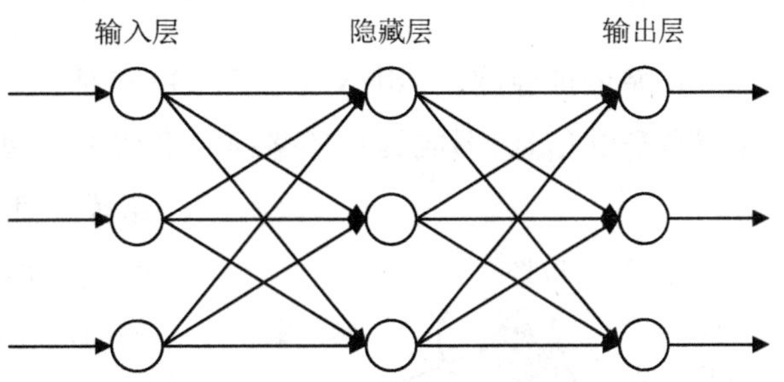

图 1.21 神经网络的经典结构

在训练过程中，神经网络通过反向传播算法调整各层神经元之间的权重，以最小化预测值与真实值之间的误差。这一过程需要大量的计算资源和时间，但一旦训练完成，神经网络就能够对新的输入数据进行快速且准确的预测。这种结构是最基础的神经网络形式，具有一定的模型拟合能力，但在处理复杂数据和任务时可能表现不佳。

其他神经网络结构可以通过扩展和改进来实现。例如，可以通过增加隐藏层的数量和神经元的数量来构建更深、更宽的神经网络模型，以增强模型的表达能力和拟合能力。这就是深度神经网络（Deep Neural Network，DNN），如图 1.22 所示。DNN 具有多个隐藏层，可以处理更复杂的数据和任务。

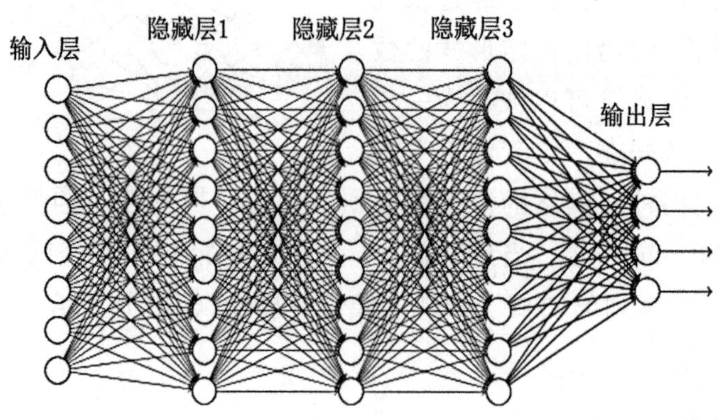

图 1.22 深度神经网络(DNN)结构示意图

此外,还可以通过引入不同类型的层次结构和连接方式来改进神经网络的性能。例如,卷积神经网络(CNN),如图 1.23 所示。它由输入层、卷积层、池化层、全连接层和输出层组成,这种结构具有局部感知性和参数共享的特性,适用于处理图像等二维数据。

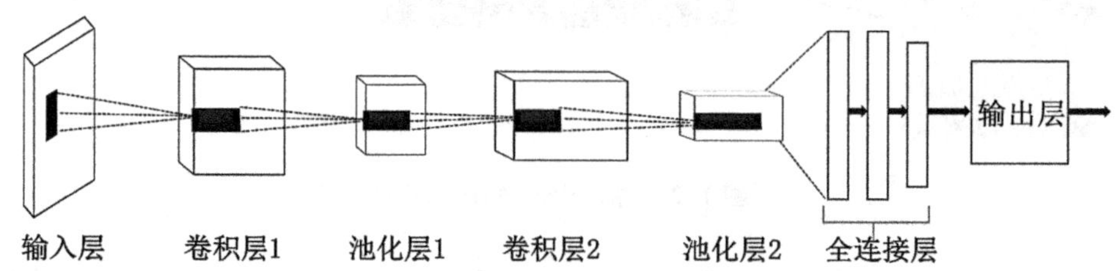

图 1.23 卷积神经网络(CNN)结构示意图

在循环神经网络(RNN)(图 1.24)中神经元不但可以接收其他神经元的信息,也可以接收自身的信息,形成具有环路的网络结构。因此,它具有记忆能力和时间依赖性,这种网络模型适用于处理序列数据。生成对抗网络(GAN)由两个神经网络组成——生成器(Generator)和判别器(Discriminator),二者通过对抗训练相互博弈:生成器试图生成逼真的数据以欺骗判别器,而判别器则努力区分真实数据与生成数据。最终,GAN 能够生成与真实数据分布相似的合成数据样本。该框架被广泛应用于图像生成、视频生成和语音生成等领域。

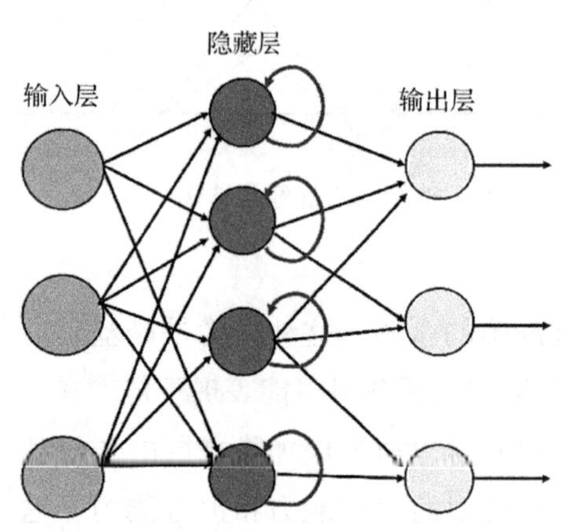

图 1.24 循环神经网络(RNN)示意图

总之,神经网络是一种受人类大脑启发的机器学习模型,由多个神经元组成多层结构,用于处理复杂的数据和任务。神经网络具有良好的拟合能力和泛化能力,在图像识别、语音识别、自然语言处理等领域取得了显著成就。随着深度学习技术的发展，深度神经网络成为神经网络的重要变体，具有更深的网络结构和更强的表达能力，能够处理更复杂的数据和任务。神经网络已经成为人工智能领域的重要研究方向和应用技术，为解决各种实际问题提供了强大的工具和方法。

1.3 案例——科技遇见自然：AI技术下的植物识别之旅

1.3.1 提出问题

你是否曾在野外旅行时，面对形态各异的植物感到困惑，想要了解它们的名称和特性却无从下手？或是在植物园的参观中，被五彩斑斓的花卉所吸引，却对它们的名字和习性一无所知？这些困扰在人工智能技术的帮助下，如今都有了解决方案——AI植物识别。

想象一下，一位小学生在老师的带领下进行户外自然探索，他们遇到了一种奇特的植物。正当大家好奇地猜测它的名字时，老师拿出手机，打开了AI植物识别应用。只需几秒钟，应用的界面上就显示出了这种植物的名字、科属、生长习性等详细信息，甚至还有相关的图片和故事。孩子们惊奇地看着手机，仿佛打开了新世界的大门。

再或者，一位园林设计师在设计公园景观时，想要了解各种植物的搭配和生长情况。他可以利用AI植物识别技术，快速识别出各种植物，并通过数据分析得出最佳的植物配置方案。这不仅提高了设计效率，还使得公园景观更加科学合理，符合生态平衡的原则。

这些事例都体现了AI植物识别技术在日常生活和工作中得到了广泛应用。人工智能(AI)技术应用于植物识别中，不仅提升了我们认识自然的能力，更在于其普及性。每个人都可以通过这项技术，轻松成为植物识别的“专家”，增加对自然的了解和敬畏。同时，这也体现了将科技与自然、学习与生活紧密结合，让我们在探索中收获知识，在体验中感受责任。

下面我们就利用智能云服务来开始我们的植物识别之旅，体验人工智能技术的魅力。

1.3.2 解决方案

为了识别图像或我们拍摄的照片上的植物，一种简便的方法是利用一些智能云服务，如百度智能云、华为云人工智能等提供的植物识别功能，对上传的图像进行识别，帮助人们进一步了解图像上的植物。

问题的解决方案流程如图1.25所示。

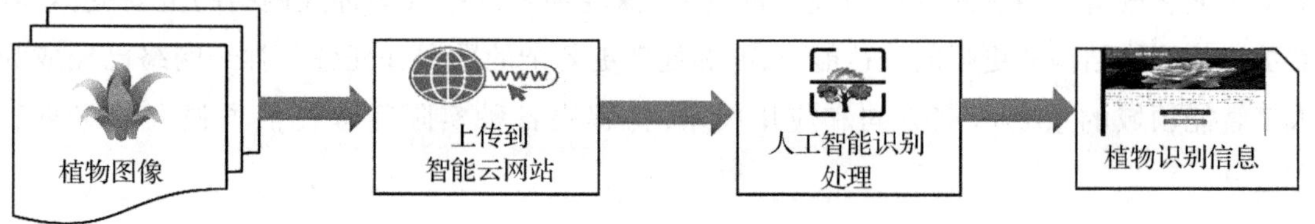

图 1.25　解决方案流程

1.3.3　任务 1：准备一张植物图像

准备一张你感兴趣的植物的图像。建议你用身边的手机把遇到的植物拍摄下来，然后将拍摄的图像存放在电脑上或云盘里。

例如，在公园里给某个植物拍一张照片，或是将自己在旅游中拍到的不认识的植物作为本案例的素材来使用。当然，也可以充分发挥互联网的作用，从中搜索一张稀有植物的图像。我们准备了两张图像，一张是个人拍摄的木瓜图像[图 1.26(a)]，一张是从网上搜索的世界稀有树种——鹅掌楸的图像[图 1.26(b)]。

(a) 木瓜树图像

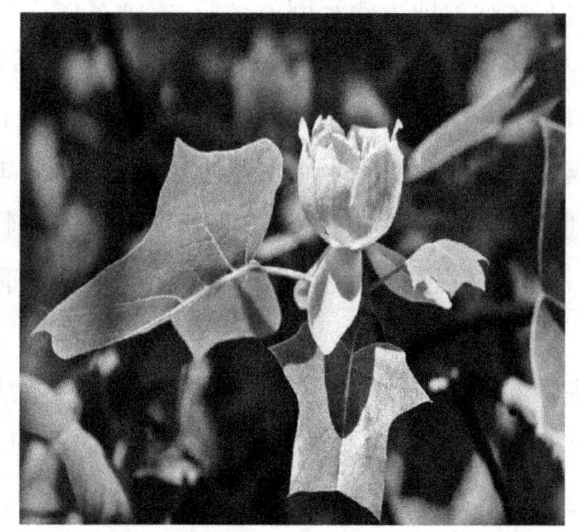
(b) 鹅掌楸图像

图 1.26　待识别图像素材

有了这两张图像素材，我们就可以进行接下来的任务——智能获取植物图像的识别结果。

1.3.4　任务 2：智能获取植物图像的识别结果

利用百度智能云提供的人工智能服务，对提供的图像中的植物进行识别。

1. 访问百度植物识别网站

本任务中，我们使用了百度 AI 开放平台人工智能模块中的植物识别功能来体验如何利用人工智能技术来识别植物。植物识别模块可识别超过 2 万种常见植物和近 8 000 种花卉，接口返回植物的名称，并支持获取识别结果对应的百科信息；还可使用 EasyDL 定制训练平台，定制识别植物种类。适用于拍照识图、幼教科普、图像内容分析等场景。进入百度 AI 开放平台网站的植物识别界面，如图 1.27 所示。

图 1.27　植物识别界面

2. 图像上传

单击图 1.27 中的“功能体验”按钮，上传在任务 1 中准备好的图像或粘贴含有植物图像的 URL，稍等片刻，就得到对应的识别结果。

在步骤 2 中我们上传图 1.26 中的两种图像，识别结果分别如图 1.28 和图 1.29 所示。

图 1.28　图 1.26(a) 木瓜树识别结果

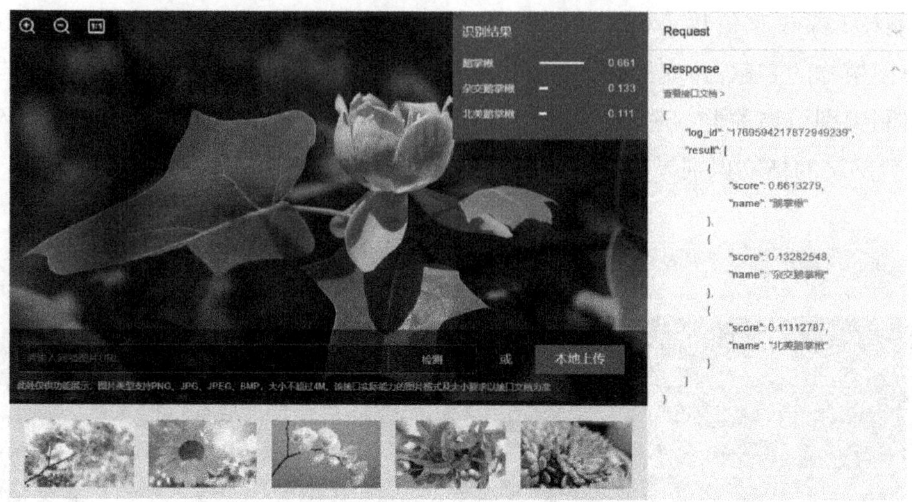

图 1.29　图 1.26(b)鹅掌楸识别结果

由识别结果可知,对于用手机拍摄的植物的识别准确度比网上搜索的图片准确度高一些。但是要注意的是,当我们上传自己拍摄的照片时,如果图片尺寸过大,是需要压缩到4M以内的。体验到这里,我们可能就会有个疑问:该识别结果的依据到底是什么?是如何识别的呢?应用了什么样的人工智能技术实现的呢?哪些因素会影响最终的识别结果?带着这些问题,后面的章节中我们会结合不同的应用场景详细介绍常见的人工智能技术。

本章小结

本章主要对人工智能的定义、发展历程、特征和典型应用进行了详细的说明,同时对实现人工智能的两种主要方法——机器学习和深度学习的基本原理、工作流程、特点和常用的算法进行了介绍。最后,本章通过百度云平台的植物识别应用实例,说明了人工智能技术的具体应用。

课后习题

一、选择题

1. “人工智能”这个概念,首次被提出于1956年的(　　)。

A. 图灵测试　　B. 达特茅斯会议　　C. 斯坦福会议　　D. 霍普金斯会议

2. 被誉为国际“人工智能之父”的是(　　)。

A. 艾伦·图灵　　B. 爱德华·费根鲍姆

C. 傅京孙　　D. 尼尔逊

3. 机器学习可以从(　　)两种途径来进行学习。

A. 数据、行动　B. 数据、图片　C. 经验、图片　D. 行动、经验

4. 人工智能当前能够厚积薄发，再造辉煌，得益于(　　)方面的发展和突破。

A. CPU、图片、算法　B. 统计学、图形学、逻辑学

C. 专家系统、深度学习、反向传播　D. 算法、数据、算力

5. AI的英文全称是(　　)。

A. Automatic Intelligence　B. Artificial Intelligence

C. Automatic Information　D. Artificial Information

6. AI时代主要的人机交互方式为(　　)。

A. 鼠标　B. 键盘　C. 触屏　D. 语音+视觉

7. 下列不是人工智能的研究领域的是(　　)。

A. 机器证明　B. 模式识别　C. 人工生命　D. 编译原理

8. 关于人工智能的概念，下列表述正确的是(　　)。

A. 人工智能可以替代人类做一切事情

B. 任何计算机程序都具有人工智能

C. 针对特定的任务，人工智能程序都具有自主学习的能力

D. 人工智能程序和人类具有相同的思考方式

9. 下列不是神经网络常用的激活函数的是(　　)。

A. Sigmoid　B. ReLU　C. Softmax　D. Linear(线性函数)

10. 下列不属于机器学习任务的是(　　)。

A. 人脸识别　B. 网页编写　C. 文本分类　D. 销量预测

二、填空题

1. 根据训练数据是否拥有标记信息，我们可以将学习任务分为两大类，即监督学习和________学习。

2. 聚类算法是机器学习中一种典型的________学习算法。

3. ________是从给定的训练数据集中学习出一个函数(模型参数)，当新的数据到来时，可以根据这个函数预测结果。

4. 在人工智能领域，NLP代表的是________处理。

5. 在神经网络中，________层用于接收外部输入数据，________层则负责输出处理后的结果。

三、简答题

1. 简述人工智能的发展历程。

2. 什么是机器学习？根据学习模式的不同，可以将机器学习分为哪几类？

3. 什么是深度学习？目前主流的深度学习算法有哪些？

4. 举例说明人工智能的典型应用。

第2章

搜索算法

本章将深入探讨搜索算法的核心原理及其多种实现方式。内容包括启发式搜索算法，其中重点介绍 A^* 搜索算法，探讨其如何利用启发信息高效搜索最优路径。随后介绍对抗搜索算法，解析最小最大搜索算法和 Alpha-Beta 剪枝算法在博弈论问题中的应用，以及它们如何通过减少搜索空间来提高效率。此外，本章还将介绍遗传算法，这类算法模拟自然界中生物基因的遗传过程，通过筛选更加适合当前环境的个体来求解复杂问题。本章将详细阐述这些算法的实现原理、独特特点及它们在不同应用场景中的优势。

学习目标

知识目标：

1. 了解搜索算法的定义、分类及其在人工智能领域的应用。

2. 熟悉各类搜索算法的原理，包括启发式搜索（如 A^* 搜索算法）、对抗搜索算法（最小最大搜索算法、Alpha-Beta 剪枝算法）、遗传算法，理解它们的实现原理、特点以及适用场景。

3. 理解搜索算法的性能评估方法，学习如何评估搜索算法的效率，包括时间复杂度、空间复杂度等指标。

能力目标：

1. 能够根据具体问题选择合适的搜索算法，针对实际问题，能够分析问题的特点，选择合适的搜索算法进行求解。

2. 能够独立实现常见的搜索算法，包括算法的设计、实现和调试。

3. 通过学习和实践，提高分析问题和解决问题的能力，能够将搜索算法应用于实际问题中。

素质目标：

1. 围绕党的二十大报告中关于创新驱动发展的理念，将创新精神融入搜索算法的学习与实践中，在掌握基本搜索算法的基础上，探索新的搜索算法和优化方法，培养创新思维和创新能力。

2. 提升团队协作能力。通过小组讨论、项目合作等方式，培养团队协作能力，学会与他人共同解决问题。

3. 增强自主学习能力。关注人工智能领域的最新动态和技术发展，培养自主学习能力，不断更新知识和技能。

2.1 搜索算法基础

2.1.1 搜索算法简介

搜索算法是一类寻找特定问题解的算法,其核心在于利用高效的计算能力,系统地遍历或穷举问题解空间内的所有或部分可能情况,以期找到满足特定条件或目标的解。这一过程往往被形象地比喻为在解答树中探索,从根节点出发,依据预设的控制结构和产生规则,逐步扩展节点,直至搜索到目标状态。在搜索算法中,可以利用状态空间来描述这个过程,状态空间又分为状态集和操作集两个非常重要的集合。假设状态集用 $S=\{S_0, S_1, S_2, \cdots, S_n\}$ 表示,操作集用 $O=\{O_0, O_1, O_2, \cdots, O_n\}$ 表示,其中 $S_0, S_1, S_2, \cdots, S_n$ 是智能体当前所处的环境或状态(包括初始状态和目标状态), $O_0, O_1, O_2, \cdots, O_n$ 是智能体所采取的动作或操作。下面将分别介绍状态集和操作集的概念。

(1) 状态集:指在求解问题的过程中,所有可能达到的状态的集合。这些状态描述了问题在不同时间点的具体情况或配置。在状态空间搜索中,每个状态都可以看作是一个节点,而状态之间的转换则通过操作来实现。过程状态集包含了问题的初始状态、目标状态以及所有可能的中间状态。这些状态通常通过一组变量来表示,这些变量的取值组合唯一确定了一个状态。其中,初始状态是问题求解开始的起点,是过程状态集中的一个特定状态,它描述了问题在开始时的具体情况或配置;而目标状态是问题求解希望达到的最终结果或配置,也是过程状态集中的一个特定状态。当搜索算法找到一个从初始状态到目标状态的路径时,问题就被认为得到了解决。

(2) 操作集:指在求解问题的过程中,所有可能执行的动作或步骤的集合。这些操作用于从一个状态转移到另一个状态。在状态空间搜索中,操作是实现状态转换的手段。每个操作都有明确的前提条件和效果,即它只能在某些特定状态下执行,并且执行后会导致状态发生特定的变化。操作的前提条件定义了操作可以在哪些状态下执行,只有满足前提条件的状态才能应用该操作。最终需要有操作结束后的效果,具体描述执行操作后状态将如何变化,这通常包括状态变量的更新或状态之间的转换。

2.1.2 搜索算法的评价指标

搜索算法的评价指标是衡量搜索算法性能优劣的关键参数,主要包括以下几个方面:

(1) 完备性:当问题存在解时,算法能否保证找到一个解。这是评价搜索算法能否全面探索解空间的重要标准。

(2) 最优性:关注搜索算法是否能保证找到的第一个解就是最优解。

(3) 时间复杂度:反映了算法在找到解之前所需的时间成本。时间复杂度通常通过搜索树扩展的节点数量来衡量，节点数量越多，算法的时间复杂度越高，执行效率越低。

(4) 空间复杂度：算法在运行过程中所需占用的内存空间大小，这包括算法记录的节点数、数据结构所占用的空间等。空间复杂度的大小直接影响算法在有限内存条件下的可行性。

(5) 可读性：算法的可读性对于算法的维护、调试以及后续的优化有非常重要的作用。一个可读性强的算法更容易被理解和改进。

2.1.3 搜索树的建立

执行搜索任务可建立搜索树。搜索树的建立过程需要遵循几个逻辑严密的步骤，其核心思想是从初始状态出发，逐步探索状态空间，直至发现目标状态或达成预设的终止条件。这一过程不仅要求有精确的问题定义，还需要巧妙的算法设计和高效的计算策略。以下是对搜索树建立过程的描述：

(1) 初始状态与目标状态的确定

初始状态是搜索树的根基，标志着求解旅程的起点。在人工智能领域，它通常被具象化为状态空间中的一个特定点，这个点蕴含着问题的全部初始信息。这些信息可能包括问题的配置、参数、约束条件等，它们共同界定了搜索的起始边界。

目标状态是搜索树中代表着求解之旅的终点，它可能是一个满足特定条件的状态集合，也可能是一个具体的目标值。目标状态的设定直接指引着搜索的方向，是评估搜索成功与否的关键标尺。

(2) 操作算子集合的确定

操作算子集合是搜索树扩展的指引，包含了一系列算法设计的操作或动作，这些操作能够将当前状态转变为新的状态。在搜索树的构建过程中，操作算子决定了搜索树的结构，还影响着搜索的效率和准确性。操作算子的选择应基于深入的问题分析和领域知识，以确保它们能够有效地引导搜索过程向目标状态逼近。

(3) 建立搜索树

① 初始化：搜索树的建立始于一个空白的画布，即一个空的搜索树结构。随后，初始状态被作为根节点牢牢地嵌入其中，为搜索之旅奠定了坚实的基础。

② 节点扩展：随着搜索的深入，当前正在处理的节点（父节点）将受到操作算子的影响，生成一系列新的状态（子节点）。这些子节点如同新生的枝叶，被精心地添加到搜索树上，并与父节点建立起紧密的联系。

③ 状态检查：在添加新节点之前，一项至关重要的任务是进行状态检查。这一步骤旨在确保新生成的状态不会与搜索树中已有的状态发生重复。通过对比状态特征或利用哈希函数（Hash Function）等技术手段，可以有效地识别并避免冗余状态的引入，从而节省宝贵的计算资源。

④ 目标测试：对于每个新诞生的节点，目标测试都是一道必经的关卡。它通过对比节点状态与目标状态的定义，来判断该节点是否已达到求解的终点。一旦找到满足目标条件的节点，搜索过程将立即终止，并返回一条从根节点到目标节点的清晰路径作为解。

⑤ 回溯与继续搜索：若当前节点未能孕育出满足目标状态的子节点，搜索过程将不会停滞。它会回溯到上一个未处理的节点，继续尝试其他可能的操作算子进行扩展。这一过程将持续进行，直至所有节点都被妥善处理或找到目标状态为止。若仍未能找到目标状态，则可能需要调整搜索策略或操作算子集合以寻求突破。

(4) 搜索策略的选择与应用

搜索策略的选择对于搜索树的构建至关重要，它决定了搜索过程的方向和效率。常见的搜索策略有盲目式搜索和启发式搜索。其中盲目式搜索包括深度优先搜索（Depth-First Search, DFS）、宽度优先搜索（Breadth-First Search, BFS）等，这一部分在本书中不再过多介绍。除了盲目式搜索，还有现在应用非常广泛的启发式搜索，这也是我们本章需要重点介绍的部分。启发式搜索利用启发式信息来指导搜索方向，提高搜索效率。如图 2.1 所示，虽然描述问题的状态树不变，但是采用深度优先搜索、宽度优先搜索或者启发式搜索算法，遍历的节点会有所不同。

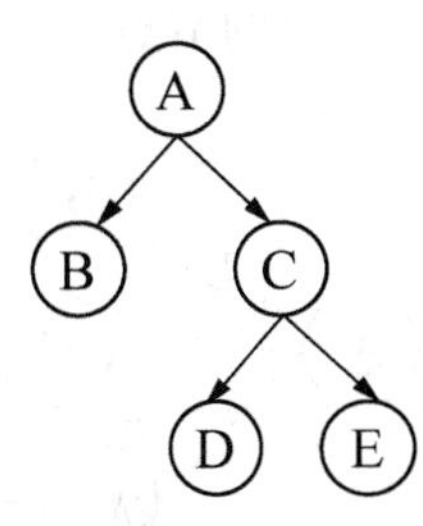

图 2.1 搜索树

(5) 终止条件与输出解

为了确保搜索过程能够在有限的时间内收敛并输出有效的解，设定明确的终止条件至关重要。这些条件可能包括找到目标状态、达到预定的搜索深度、耗尽时间预算等。一旦满足这些条件之一，搜索过程将立即终止。比如，若找到了目标状态，搜索树将提供一条从根节点到目标节点的清晰路径作为解；若未能找到目标状态，则可能需要根据终止条件的具体情况来评估搜索的成败并采取相应的后续措施。

2.2 启发式搜索算法

我们将那些借助额外信息来指导搜索过程的算法称为有信息搜索，或者更具体地说，启发式搜索。这些用于指导搜索的额外信息被称为启发信息。在本节中，我们将深入探讨两种最具代表性的启发式搜索算法：贪婪最佳优先搜索算法和 A^* 搜索算法。

2.2.1 启发函数与评价函数

启发式搜索（Heuristically Search），又称为有信息搜索（Informed Search），是一种基于经验和启发信息的搜索算法。它通过评估每个搜索节点的启发性价值来指导搜索方向，从而在搜索空间中找到最优解或近似最优解。启发式搜索算法广泛应用于各种领域，如人工智能、运筹学、计算机视觉等。

启发式搜索算法的原理基于启发函数(Heuristic Function),这是一种评价函数(Evaluation Function),用于评估搜索节点的启发性价值。启发函数可以根据问题的特点进行设计,通常是一个估计值,用于估计从当前节点到目标节点的距离或代价。在搜索过程中,算法会优先扩展那些启发性价值较低的节点,以期更快地找到目标节点。

2.2.2 贪婪最佳优先搜索算法

启发信息在算法执行过程中扮演着核心角色,它主要用于计算函数 $f(n)$ 的值。这一步骤背后的核心理念是,算法应当倾向于首先扩展那些与目标更为接近[即启发函数值 $h(n)$ 较小]的节点。具体实践中,我们可以将 $f(n)$ 直接设定为 $h(n)$,其中 $h(n)$ 代表节点 n 的启发函数值,该值用于预测从节点 n 到达目标节点所需付出的成本或代价。这种将评价函数 $f(n)$ 与启发函数 $h(n)$ 直接等同起来的启发式搜索策略,在学术界被普遍称为贪婪最佳优先搜索算法。在处理图 2.2 所展示的最短路径问题时,我们假定有 A~G 七个节点,每一个节点代表一个城市。每一个城市都有从当前城市到达目标城市 K 所需时间的预估。为了简化分析,我们假设每个城市(即每个状态)对应的启发函数值已列在表 2.1 中。通过这种方式,我们能够更加有效地指导搜索过程,以便更快地找到最短路径。

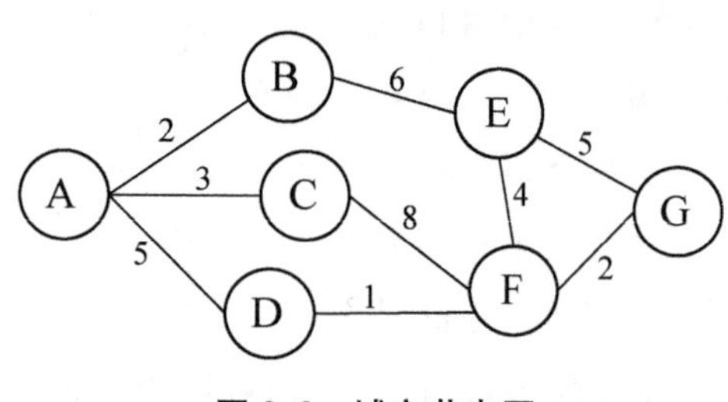

图 2.2 城市节点图

表 2.1 每个城市所对应的启发函数取值

状态	A	B	C	D	E	F	G
$h(n)$	13	8	8	4	2	2	0

贪婪最佳优先搜索算法的启发信息需要设计,设计方法不同得到的启发函数也会有所不同,但是可以用公式统一表示,也就是 $f(n)=g(n)$。在每一步选择当前看起来最优的节点进行扩展,直到找到目标节点或无法继续扩展为止。具体根据启发信息进行最优路径的搜索过程描述如下:

(1) 初始化起始节点

将初始节点 A 加入一个优先队列中。这里的队列中的节点是根据启发函数来排序的,启发函数用于估计从当前节点到目标节点的代价或距离。

(2) 计算启发函数数值

通过 $f(n)=g(n)$ 计算得到 A、B、C、D、E、F、G 七个节点的启发函数数值分别是 13、8、8、4、2、2、0。A 节点优先进入已遍历队列,A 节点的子节点 B、C、D 进入待遍历队列。由于 D 节点的启发函数数值是最小的,所以将 D 节点加入已遍历队列中。D 节点的子节点只有 F,所以将 F 节点加入待遍历队列,并重新对启发函数数值进行排列。由表 2.1 中的信息可知,F 节点的$f(n)$值最小,所以将F点加入已遍历队列中。F节点的子节点是G,将节点G加入待遍历队列,并重新对启发函数值进行排列。此时G节点的$f(n)$值为0,所以遍历G节点。

(3) 判断节点是否为目标节点

如果G节点是目标节点,则搜索成功,算法结束,并返回找到的路径;如果队列为空且仍未找到目标节点,则返回未找到目标节点的提示。

具体遍历过程如图2.3所示。在本案例中,由于更加注重的是对贪婪最佳优先搜索算法的步骤的理解,所以有一些其他情况没有说明。比如,贪婪最佳优先搜索算法可以找到一条解路径,但并不能保证这条路径是最优的,这也是贪婪最佳优先搜索算法最明显的缺陷之一。

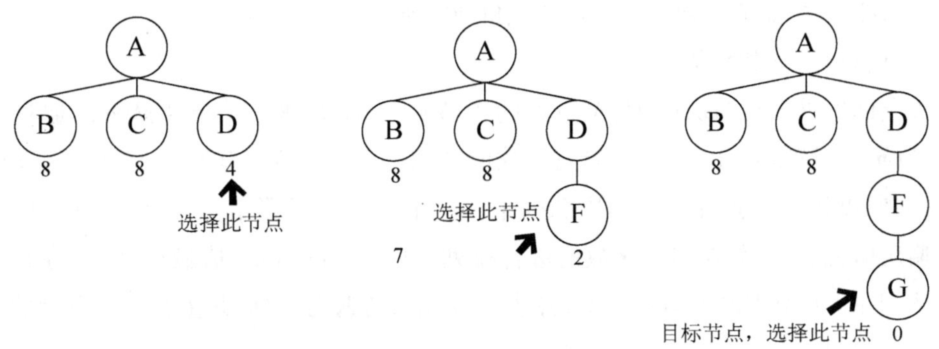

图2.3 贪婪最佳优先搜索算法过程

2.2.3 A* 搜索算法

贪婪最佳优先搜索算法的主要局限在于其过度聚焦于局部最优解,即总是优先考虑那些看似与目标节点代价最小的直接连接节点,却忽略了从起始节点到这些节点所累积的总成本。这种短视的策略往往导致算法在探索过程中偏离了全局最优的路线。

为了弥补这一缺陷,一个更为周全的策略是将从起始节点到当前节点的累积成本纳入评价函数的考量范围。具体来说,我们引入了一个函数$g(n)$,用于精确计算从起始节点到节点n的累积成本。在此基础上,评价函数被重新定义为$f(n) = g(n) + h(n)$,其中$f(n)$代表综合评价,$g(n)$代表从起始节点到n的实际成本,$h(n)$则代表从n到目标的预估成本。这种结合了实际成本和预估成本的评价函数,使得算法在搜索时能够更全面地比较不同路径的优劣。

基于上述评价函数的搜索策略被称为A*搜索算法(简称“A*算法”)。在A*算法中,评价函数$f(n)$实际上反映了从起始节点到n的实际最小成本加上从n到目标的预估最小成本之和。这种设计赋予了A*算法在搜索过程中更智能地选择扩展路径的能力,从而大大提高了找到全局最优路径的可能性。

表 2.1 中提供的启发函数值记为 $h(n)$，A* 算法的流程如图 2.4 所示。图中已经给出了任意两个节点之间的代价值，表示为 $g(n)$。每个边缘节点下方的等式展示了 $g(n)+h(n)=f(n)$ 的具体取值。

A* 算法的启发信息是从初始节点到搜索节点所需要付出的代价值，与搜索节点到目标节点的启发函数值之和，用公式统一表示就是 $f(n)=g(n)+h(n)$。在每一步，算法选择当前看起来最优的节点进行扩展，直到找到目标节点或无法继续扩展为止。具体根据启发信息进行最优路径的搜索过程描述如下：

（1）初始化起始节点

将初始节点 A 加入一个优先队列中。队列中的节点是根据启发函数 $f(n)$ 来排序的，$f(n)$ 用于估计从当前节点到目标节点的代价或距离。

（2）计算启发函数数值

A 节点优先进入已遍历队列，A 节点的子节点 B、C、D 进入待遍历队列。通过 $f(n)=g(n)+h(n)$ 计算得到，B、C、D 的启发函数值分别是 10、11、9。由于 D 节点的启发函数值是最小的，所以将 D 节点加入已遍历队列中。由于 D 节点的子节点只有 F，所以将 F 节点加入待遍历队列，并重新对启发函数值进行排列。F 节点的 $f(n)$ 值最小，所以将 F 点加入已遍历队列中。F 节点的子节点是 G，将节点 G 加入待遍历队列，并重新对启发函数值进行排列。此时 G 节点的 $f(n)$ 值为 0，所以遍历 G 节点。

（3）判断节点是否为目标节点

如果 G 节点是目标节点，则搜索成功，算法结束，并返回找到的路径；如果队列为空且仍未找到目标节点，则返回未找到目标节点的提示。

在本案例中，虽然贪婪优先搜索算法和 A* 算法最终找到的路径可能是相同的，但是其原理有所区分。A* 算法在有解的状态空间中一定能够保证找到解路径，并且这条解路径是所有路径中最优的，但是贪婪优先搜索算法不能保证这一点。读者在理解两个算法的核心原理的不同之后，可以计算在不同情况下两个算法的输出结果，并观察两个算法的结果是否能够始终保持一致。

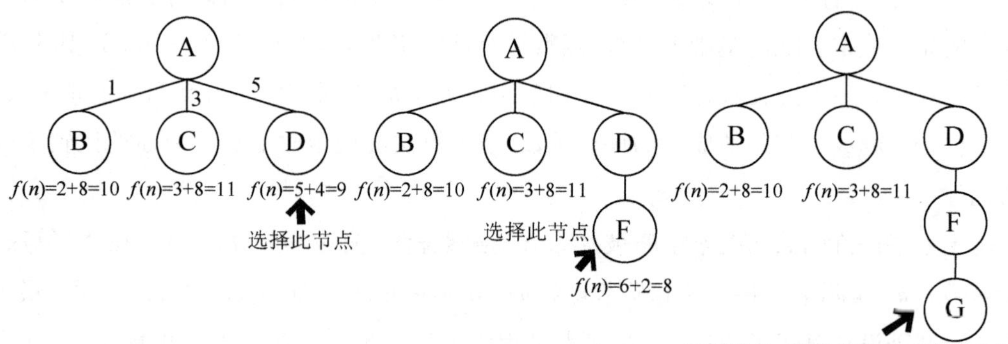

图 2.4　A* 算法流程

2.3 对抗搜索算法

本节将深入探讨一种特定情境下的多智能体搜索问题，即信息完全透明、全局视野共享、对手间交替行动且收益呈现零和特性的两人博弈问题。其中，零和博弈作为博弈论的一个重要分支，特指在严格竞争环境中，一方的利益获取必然导致另一方利益的相应损失，双方的总收益与总损失之和恒等于零，从而排除了合作的可能性。

在对抗搜索算法中，智能体通常被设定为在有限或无限步数的轮次内，根据一定的规则进行行动选择。每个智能体的目标都是最大化自己的利益或最小化对手的利益，这取决于具体的游戏规则和背景设定。为了实现这一目标，对抗搜索算法需要构建一个决策模型，该模型能够模拟所有可能的行动序列，并评估每种序列对智能体利益的影响。决策模型通常表现为一个树状结构，其中每个节点代表一个决策点或游戏状态，而边则代表从当前状态到下一个可能状态的转移。根节点代表游戏的初始状态，而叶子节点则代表游戏的终止状态，此时每个智能体的利益已经确定。在构建决策树的过程中，算法需要考虑所有可能的行动序列，以及这些序列可能导致的所有可能的游戏状态。但是，对于复杂的对抗性问题，决策树往往非常庞大，甚至可能包含无限多个节点。因此，对抗搜索算法需要采用一系列启发式方法和剪枝技术来减少搜索空间的大小，从而提高搜索效率。这些启发式方法可能基于领域知识、历史数据或智能体的先验信念，用于评估不同行动序列的潜在价值。而剪枝技术则用于在搜索过程中提前终止某些分支的探索，因为这些分支不太可能包含最优解。

2.3.1 最小最大搜索算法

最小最大搜索(Minimax Search)算法是求解对抗搜索问题的基础算法，其核心在于交替探索两位玩家的决策过程，并假定双方在游戏过程中均保持理性，倾向于最大化自身得分(这在零和博弈的语境下亦等同于最小化对手得分)。下面，我们将通过解析一个简单的两人博弈游戏——“井”字棋(Tic-Tac-Toe)来阐述对抗搜索的概念。

“井”字棋是在一个3×3的棋盘上进行的游戏，两位玩家分别使用“○”和“×”两种棋子，轮流在空白方格中落子。当某一方成功地在水平、垂直或对角线上连成三个棋子时，即宣告胜利；若棋盘填满而双方均未达成胜利条件，则判定为平局。

假设游戏伊始由玩家1率先行动。在最小最大搜索的框架下，搜索树的构建遵循玩家交替行动的原则：第一层为初始状态，代表玩家1的首次决策；第二层则反映了玩家1不同决策下的游戏状态，并由玩家0进行下一步行动；以此类推，每一层都代表着特定玩家在特定状态下的决策结果。

图2.5展示了基于玩家交替行动原则构建的搜索树的一部分，每一层的左侧标明了当

前行动的玩家。图 2.5 中的每个节点均代表了一个具体的游戏局面,而玩家与游戏局面的组合则构成了对抗搜索问题中的完整状态。图 2.5 展示了三种终局状态,分别对应玩家 1 的胜利、平局和玩家 0 的胜利,从玩家 1 的视角来看,这三种状态的得分分别为+1、0 和-1。由于每位玩家都致力于最大化自身得分,因此当玩家 1 进行决策时,他会选择能够带来最高终局得分的搜索树分支;相应地,玩家 0 则会选择能够导致最低终局得分的分支,这正是最小最大搜索算法名称的由来。

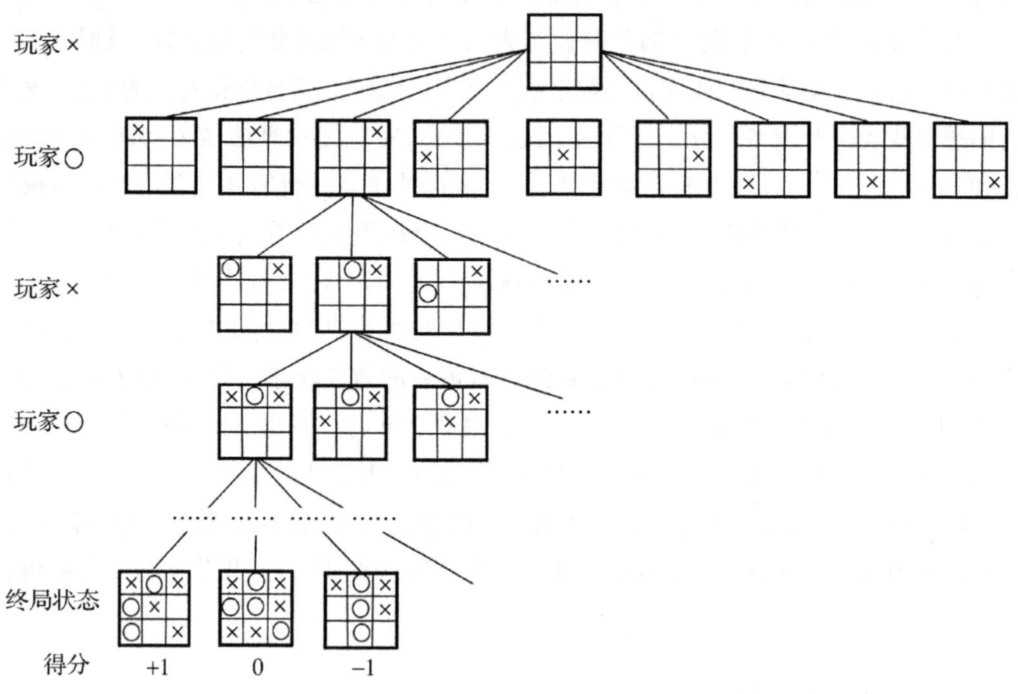

图 2.5　对抗搜索树

为了更普遍地应用于各类游戏,我们引入了两个概念:玩家×和玩家○。玩家×代表以最大化得分为目标的玩家(MAX 方);玩家○代表以最小化得分为目标的玩家(MIN 方)。然而,在实际的游戏过程中,一个搜索树分支可能对应多个终局状态,因此如何确定最大化或最小化的终局得分成为一个关键问题。

以图 2.6 为例,叶子节点表示游戏的终局状态,下方的数字则代表相应的得分。假设在第二层由玩家 MIN 进行决策,他会选择能够导致最低终局得分的动作。例如,在节点 B 处,玩家 MIN 会选择动作 P_1,因为这一动作对应的终局得分为 3,低于其他可选动作。同理,在节点 C 和 D 处,玩家 MIN 也会选择能够导致最低得分的动作。这样,第二层的每个节点都获得了一个分数,代表玩家 MIN 在该节点按照最优策略选择动作后所能获得的最低终局得分。进而,当玩家 MAX 在第一层进行决策时,他会选择能够导向第二层中得分最高节点的动作。例如,玩家 MAX 会选择动作 S_1 以到达节点 B,因此节点 A 的得分也与 B 相同,为 3。

这个得分代表了当双方均采取最优策略时，玩家 MAX 能够获得的最高终局得分。图 2.6 中的粗箭头展示了玩家 MAX 和玩家 MIN 交替采取最优策略的路径。

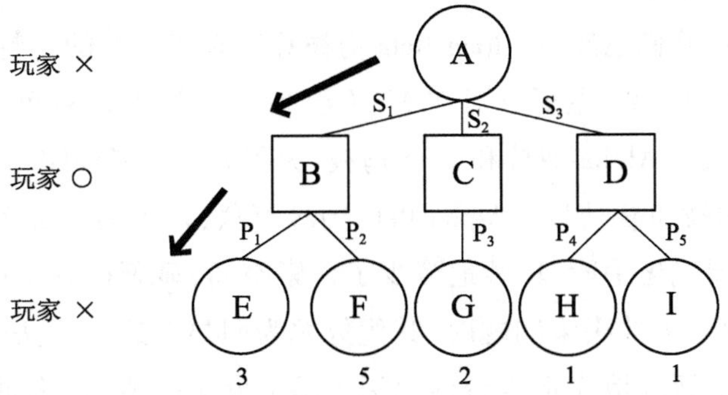

图 2.6 玩家在最优策略下采取动作示意图

2.3.2 Alpha-Beta 剪枝算法

当搜索树的规模变得异常庞大时，最小最大搜索算法往往难以在可接受的时间范围内给出答案，特别是在处理像国际象棋这样复杂的游戏时，其时间成本会急剧上升。为了有效削减时间消耗，我们通常在最小最大搜索算法中整合一种高效的剪枝策略——Alpha-Beta 剪枝算法，以此来缩减搜索范围。

在图 2.6 的基础上，我们对搜索树进行了优化，得出了图 2.7 的展示结果。在这里，叶子节点不再直接代表游戏的终局状态，而是各自象征着尚未被完全探索的子树。特别是，针对动作 P_4 和 P_5 所对应的子树，当前的搜索算法无法确切地预知它们在游戏结束时能为玩家 MAX 带来多少收益分数。为了验证剪枝操作不会改变对抗搜索的最终结果，接下来将进一步分析剪枝的过程。剪枝的关键在于，搜索算法在遍历过程中为每个节点维护了一个预期的取值范围。举例来说，在计算出 B 节点的分数为 3 之后，算法可以推断出根节点 A 的分数至少为 3。当发现采取动作 P_3 后对应子树的分数为 2 时，并且在树的最右侧分支

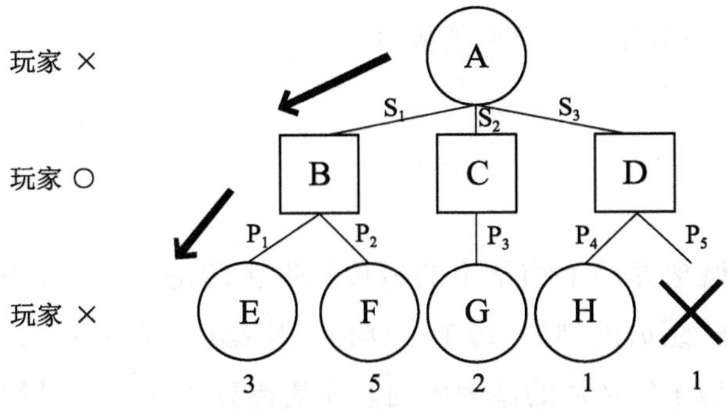

图 2.7 剪枝的搜索树扩展节点过程

中，只要最底层的 MAX 层的最小值小于 MIN 层的左侧其他值，那么其后面的值无论取多少，都不会影响整棵搜索树的搜索结果。这时，如果能够及时剪掉多余的分支，即可减少搜索时间，从而提高搜索效率。

从刚刚的案例中，我们已经对 Alpha-Beta 剪枝算法有了基本的了解。总体来看，Alpha-Beta 剪枝算法分成两种情况，主要针对在 MAX 层和 MIN 层上都有可能出现的剪枝情况。对于不同的情况，分成了 Alpha 剪枝和 Beta 剪枝，为了方便读者理解，后续会将两种不同的剪枝方法简称为 α 剪枝和 β 剪枝。Alpha-Beta 剪枝算法，作为最小最大搜索算法（Minimax Algorithm）的一种重要优化手段，巧妙地减少了搜索空间，显著提升了搜索效率，尤其是在解决诸如棋类游戏等对抗性决策问题时，其优势尤为明显。这一算法的核心思想在于，根据当前搜索到的信息，智能地决定是否继续深入某个分支的搜索，从而避免了大量不必要的计算。

在 MAX 层（即当前玩家决策层），目标是最大化收益，而在 MIN 层（即对手决策层），目标则是最小化损失。α 剪枝，作为一种在极小化层（MIN 层）应用的剪枝技术，其核心在于利用先辈极大化节点（MAX 层节点）的 α 值来评估当前极小化节点及其子节点的潜在价值。在搜索过程中，如果某个极小化节点的 β 值（代表该节点可能取得的最大损失或对手可能获得的最小收益）小于或等于其先辈极大化节点的 α 值（代表当前玩家可能获得的最小收益），这意味着从当前节点的角度看，无论对手如何选择，当前玩家都无法获得比 α 值更大的收益。因此，算法可以安全地终止该极小化节点以下的搜索，并将其估值直接设定为 β 值，这一过程即为 α 剪枝。通过这种方式，算法避免了深入那些已确定无法提供更佳解的分支，从而有效减少了搜索空间，提高了搜索效率。与之相对应，β 剪枝则是在极大化层（MAX 层）上应用的剪枝技术，其原理与 α 剪枝类似，但方向相反。在搜索过程中，如果某个极大化节点的 α 值（代表该节点可能取得的最小收益）大于或等于其先辈极小化节点的 β 值（代表对手可能获得的最大损失），那么无论当前玩家如何选择，对手都可以通过其后的决策将收益控制在 β 值以下。因此，算法同样可以安全地终止该极大化节点以下的搜索，并将其估值设定为 α 值，这一过程即为 β 剪枝。β 剪枝同样通过避免深入无意义的分支，实现了搜索空间的缩减和搜索效率的提升。

2.4 遗传算法

遗传算法的基本概念源自生物学中的遗传和进化理论。它将问题的解空间视为一个由众多个体（即候选解）组成的种群，每个个体由一串编码（通常是二进制或其他形式的编码）表示，这串编码类似于生物体的基因序列。在遗传算法的运行过程中，种群会经历一系列迭代，每一代都通过选择、交叉（杂交）和变异等操作生成新的个体，从而逐步逼近最优解。

遗传算法作为一种深受自然选择和遗传学原理启发的优化搜索技术，自其诞生以来，便以其独特的优势在众多领域内展现出卓越的应用潜力和持久的发展活力。这一算法模拟了生物进化过程中的自然选择、遗传、变异、交叉等机制，通过模拟这些自然现象，遗传算法能够在复杂的搜索空间中有效地寻找到近似最优解或全局最优解。本小节将深入剖析遗传算法的设计流程，同时对其基本概念与核心运作机制进行简明扼要的阐述，以便读者能够更全面地理解这一强大的搜索算法。

2.4.1 遗传算法的发展

遗传算法的理念源自 20 世纪 50 年代，当时生物学家正深入探索生物进化的奥秘。他们观察到，生物种群凭借自然选择、遗传变异等机制，不断适应环境变化并实现进化。这一自然现象激发了科学家们的灵感，促使他们尝试将这一原理应用于计算机科学的优化问题求解中。

1975 年，美国密歇根大学（University of Michigan）的约翰·霍兰（John Holland）教授率先提出了遗传算法的概念，并全面介绍了其基础理论及实施方法。他借鉴生物进化的选择、交叉和变异等机制，设计了一种基于种群搜索的优化策略。这一开创性的工作标志着遗传算法作为一个新兴研究领域的正式诞生。随后的几十年间，遗传算法吸引了广泛的关注与研究。研究者们不断对算法进行改进和优化，引入了多种新的遗传操作、编码技术和适应度函数设计策略。同时，遗传算法在多个领域取得了显著的应用成果，包括函数优化、机器学习、组合优化、生产调度等。

进入 21 世纪，随着计算机技术的迅猛发展和大数据时代的到来，遗传算法的应用领域进一步拓展。它不仅在传统优化问题中发挥着关键作用，还在机器学习、深度学习、自然语言处理等前沿领域展现出强大的潜力。此外，云计算、并行计算等技术的兴起，也极大地提升了遗传算法的计算效率，使其能够应对更大规模、更复杂的优化挑战。

2.4.2 相关生物学术语

（1）染色体（Chromosome）：在生物领域，染色体承载着生命的遗传密码。而在遗传算法的世界里，染色体则化身为解空间中的一个潜在答案，通常以一种特定的数据结构形式存在，比如二进制字符串或实数数组。这些染色体由一系列基因构成，共同塑造了它们的独特属性。

（2）基因（Gene）：在生物学中，基因是生命蓝图的基本单位。而在遗传算法中，基因则扮演着染色体上的基本元素角色，它们可以是二进制数字、实数或其他数据类型。基因的值及其组合方式，共同决定了染色体的特性和性能表现。

（3）适应度函数（Fitness Function）：在生物界，适应度是衡量生物体适应环境能力的标尺。而在遗传算法中，适应度函数则用来评估每个染色体的优劣程度，即它们所代表的解的质量高低。这个函数会将染色体映射为一个具体的数值,该数值直接反映了染色体在求解问题过程中的表现好坏。

(4) 交叉(Crossover):在生物学中,交叉是指两个生物体在繁殖过程中交换遗传物质的过程。在遗传算法中,交叉操作模拟了这一过程,它随机选择种群中的两个染色体,并在其某一点上交换基因,从而生成新的染色体。这有助于在解空间中探索新的区域,并可能产生更好的解。

(5) 变异(Mutation):在生物学中,变异是指生物体的遗传物质在复制过程中发生的随机变化。在遗传算法中,变异操作模拟了这一过程,它随机选择种群中的一个染色体,并对其某个或某些基因进行改变。这有助于增加种群的多样性,避免算法过早收敛到局部最优解。

(6) 编码(Coding):在遗传算法中,编码是将问题的解空间映射到算法所能处理的搜索空间的过程。换句话说,它决定了如何将问题的解表示为染色体。常见的编码方式包括二进制编码、实数编码等。编码方式的选择直接影响到算法的搜索效率和性能。

(7) 种群(Population):在生物学中,种群是指生活在同一地区的同一种生物个体的总和。在遗传算法中,种群是由多个染色体(即多个候选解)组成的集合。这些染色体在算法的运行过程中通过选择、交叉和变异等操作不断进化,以寻找问题的最优解。种群的大小和多样性对于算法的性能和收敛速度有着重要影响。

2.4.3 遗传算法的实现过程

遗传算法是一类借鉴生物界的进化规律发展而来的随机搜索方法。其实现过程融合了自然选择和遗传学机制,以寻找问题的最优解。在遗传算法中,问题的解被编码为染色体,通常是一串二进制代码或实数向量,代表了解空间中的一个候选解。随后,算法会定义一个适应度函数,该函数根据问题的特性来评估每个染色体的优劣,即解的质量。这个适应度值会作为选择操作的重要依据。通过迭代后进行交叉操作。然后,通过交叉操作,随机选择两个染色体,并交换它们的部分基因,生成新的染色体。最后,通过变异操作,改变某个染色体上的某些基因,增加种群的多样性,避免算法过早收敛到局部最优解。

1. 编码机制

遗传算法中的编码机制是算法实现的关键环节,它决定了如何将问题的解空间映射到算法能够处理的搜索空间。编码方式的选择直接影响到算法的搜索效率和性能。常见的编码方式包括二进制编码、实数编码和符号编码等。二进制编码是将问题的解表示为一串二进制数,每个二进制位对应一个基因。这种编码方式具有简单、易实现和符合最小字符集编码原则等优点。实数编码则直接将问题的解表示为实数向量,适用于连续空间的优化问题。符号编码则使用某种符号集来表示问题的解,适用于离散空间的优化问题。由于二进制编码是最常用的方式之一,所以本章中将会重点介绍二进制编码方式。

二进制编码使用 0 和 1 进行编码,最终构成的个体基因型是一个二进制编码符号串。假设参数的取值范围是$[A,B]$,则二进制编码符号长度l与参数的取值精度δ满足的关系如式(2.1)所示。

$$\delta = \frac{B - A}{2^l - 1} \tag{2.1}$$

与编码过程相反,将二进制串转换为原问题结构的过程叫作解码。假设用长度l的二进制编码符号串表示该参数,编码为$x = b_l b_{l-1} b_{l-2} \cdots b_1$,对应的解码公式如式(2.2)所示。

$$x = A + \frac{B - A}{2^l - 1}\left(\sum_{i=1}^{l} b_i 2^{i-1}\right) \tag{2.2}$$

2. 初始化种群

初始化种群是遗传算法的第一步,它涉及生成一组初始解,这些解构成了算法的搜索空间。种群中的每个个体都代表问题的一个潜在解,通常由一个编码后的字符串表示,这个字符串称为染色体或基因型。初始化种群的大小(即种群中个体的数量)是一个重要的参数,它会影响算法的搜索能力和计算效率。较大的种群通常具有更好的全局搜索能力,但也会增加计算成本。

初始化种群的方法有很多种,常用的包括:

(1) 随机初始化:随机生成每个个体的基因型,确保种群中的个体具有多样性。

(2) 启发式初始化:根据问题的特定知识或先验信息,生成一些可能较好的初始解。

(3) 基于其他算法的初始化:先使用其他优化算法找到一些较好的解,然后用这些解作为遗传算法的初始种群。

3. 适应度函数

适应度函数是衡量种群中个体优劣的标准,直接决定了算法的搜索方向和收敛速度。适应度函数的设计需要结合问题的特性和目标函数,确保能够准确反映个体的适应程度。具体来说,适应度函数是一个单值、连续、非负的数学函数,它根据个体的基因型(即问题的潜在解)计算出一个适应度值。这个适应度值越高,说明个体越接近问题的最优解。在遗传算法的迭代过程中,适应度函数被用来评估每一代种群中个体的性能,从而指导算法进行选择、交叉和变异操作,以逐步优化种群。

适应度函数的设计需要考虑多个因素。首先,它必须能够准确反映问题的目标函数或约束条件,以确保算法能够朝着正确的方向进行搜索。其次,适应度函数的计算效率也是一个重要的考虑因素,因为它将影响算法的整体性能。此外,为了避免算法陷入局部最优解,适应度函数还需要具有一定的全局搜索能力,能够引导算法跳出当前搜索空间,探索更广阔的解域。在简单问题的优化时,通常可以将解码后的值输入至目标函数中进行计算,从而求得其适应度值,如表 2.2 所示。

表 2.2 初始化种群的适应度值计算

个体编号	编码	解码	适应度值
1	00011…00000	x_1	$f(x_1)$
2	01011…11001	x_2	$f(x_2)$
3	00000…00101	x_3	$f(x_3)$
…	…	…	…
N	00010…10011	x_N	$f(x_N)$

4. 遗传算子

遗传算子是在遗传算法中起到关键作用的一系列操作,它们负责模拟生物进化过程中的遗传信息传递过程。在算法的每一次迭代中,这些算子都会根据一定的规则对种群中的个体进行操作,以实现种群的进化,从而逐步逼近问题的最优解。遗传算法中常见的遗传算子主要包括选择算子、交叉算子和变异算子。选择算子基于个体的适应度值,从当前种群中选择一部分优秀个体作为父代,用于后续的交叉和变异操作。交叉算子通过模拟生物界中的基因重组过程,将两个父代个体的部分基因进行交换,以产生新的子代个体。变异算子则是模拟基因突变的过程,以一定的概率对个体中的某些基因进行随机改变,从而引入新的遗传信息,增加种群的多样性。

(1) 选择算子

由于轮盘赌选择操作相对简单且适用范围广,本小节主要介绍轮盘赌选择法。轮盘赌选择法,也被称为比例选择方法,是遗传算法中常用的一种选择策略。这种方法的基本思想是:先计算出种群中个体的适应度值,然后计算该个体的适应度值在所有适应度中的占比,这个比例就是当前个体的选择概率或者生存概率,计算公式如下:

$$p(v_i)=\frac{f(v_i)}{\sum_{i=1}^{N}f(v_i)},\quad i=1,2,3,\cdots,N \tag{2.3}$$

其中 $f(v_i)$ 代表个体 v_i 的适应度值;N 为种群的规模大小,根据这个概率分布选取 N 个个体产生下一代种群。轮盘赌选择法的具体操作步骤如下:

步骤一:计算适应度。计算种群中每个个体的适应度值。适应度通常根据问题的目标函数或约束条件来确定,用于衡量个体在解决问题时的优劣程度。

步骤二:计算选择概率。根据个体的适应度值计算每个个体被遗传到下一代种群中的概率。这通常通过将每个个体的适应度值除以所有个体适应度值之和来实现,从而得到归一化的选择概率。

步骤三:累积概率。计算每个个体的累积概率。这通常通过将选择概率进行累加得到,确保每个个体的累积概率都位于[0, 1]区间内,计算累积概率公式如下:

$$q_i = \sum_{i=1}^{N} p_i, \quad i = 1, 2, 3, \cdots, N \tag{2.4}$$

步骤四：随机选择。在[0, 1]区间内产生一个均匀分布的伪随机数。然后，根据这个随机数在累积概率分布中选择一个个体。具体来说，找到第一个累积概率大于或等于随机数的个体，并选择该个体作为父代。

步骤五：重复选择。重复上述的随机选择过程，直到选择出足够数量的个体为止，从而完成一次轮盘赌选择。

(2) 交叉算子

遗传算法中的交叉算子是一种模拟生物进化中基因重组过程的关键操作，它通过交换两个父代个体的部分基因来产生新的子代个体。交叉算子的设计对于遗传算法的性能和收敛速度具有重要影响。

在遗传算法中，常用的交叉算子包括单点交叉、多点交叉和均匀交叉等。单点交叉是指随机选择一个交叉点，然后将两个父代个体的基因在该点之后进行交换，从而生成两个新的子代个体。多点交叉则是选择多个交叉点进行基因交换，增加了基因重组的随机性和复杂性。均匀交叉则是按照一定比例对每个基因位进行重组，无需随机选择交叉点，具有较高的随机性和搜寻广度。本小节中以单点交叉为例，介绍染色体交叉过程。

图 2.8 展示了单点交叉原理。在单点交叉中，可随机产生一个交叉位置，被选中的父代染色体按照生成的交叉位置，将之后的所有基因全部交换，交叉后的染色体就是新生成的子代染色体。交叉操作可以连续改变染色体上多个基因位的遗传信息，在遗传算法中可以起到产生新个体的作用。

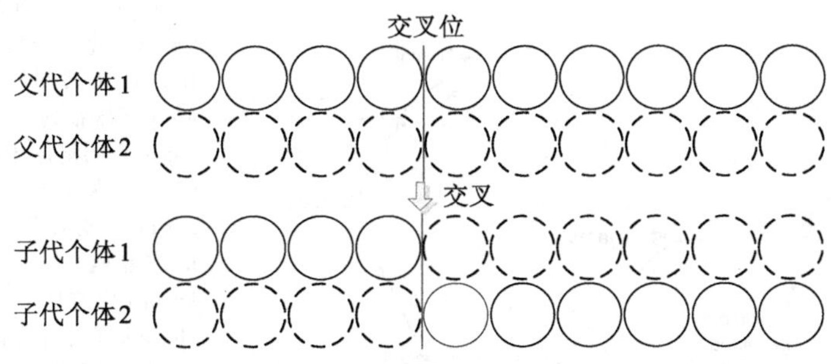

图 2.8 单点交叉操作示意图

(3) 变异算子

变异算子的主要作用是对种群中的个体进行微小的随机变动，从而引入新的遗传信息，增加种群的多样性，并帮助算法跳出局部最优解，向全局最优解进行搜索。变异算子的执行过程通常是按照一定的变异概率，对个体编码串中的某些基因座上的基因值进行变动。例如，在二进制编码的遗传算法中，变异操作可能是将某个基因座上的 0 变为 1，或者将 1 变为 0。这种变动虽然是随机的，但它是基于一定的概率进行的，确保了算法的稳定性和可控性。变异算子在遗传算法中起着至关重要的作用。当算法进化到一定阶段,种群适应度趋于稳定时,变异算子能够增加算法的局部搜索能力,帮助算法更快地收敛到最优解。同时,变异算子能够维持种群的多样性,防止算法过早收敛到局部最优解,出现“早熟”现象。这一部分主要介绍单点变异的操作过程,如图 2.9 所示。

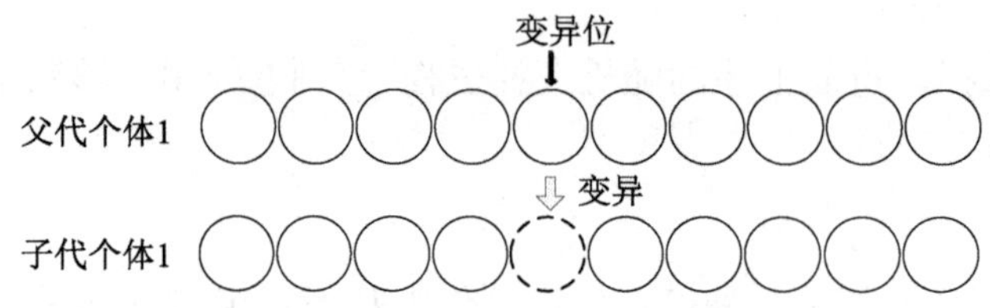

图 2.9　单点变异操作示意图

2.5　案例 1——用 A* 搜索算法解决旅行商问题

图 2.10 描述的是旅行商问题(Traveling Salesman Problem, TSP),这是一个经典的组合优化问题,旨在寻找一条最短的路径,使得一个旅行商能够访问一系列城市并返回起点,且每个城市只访问一次。假设有一个旅行商需要访问罗马尼亚的一系列城市,并且最终返回起点,目标是找到一条最短的路径。图 2.10 右侧是每个城市节点对应的启发信息,用来辅助搜索。

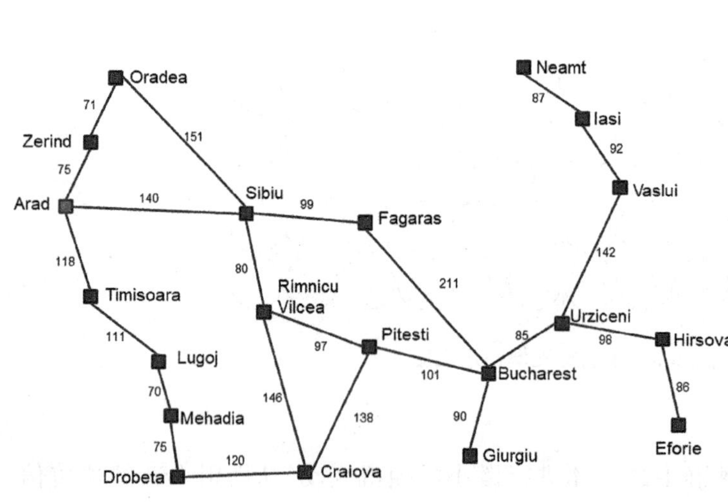

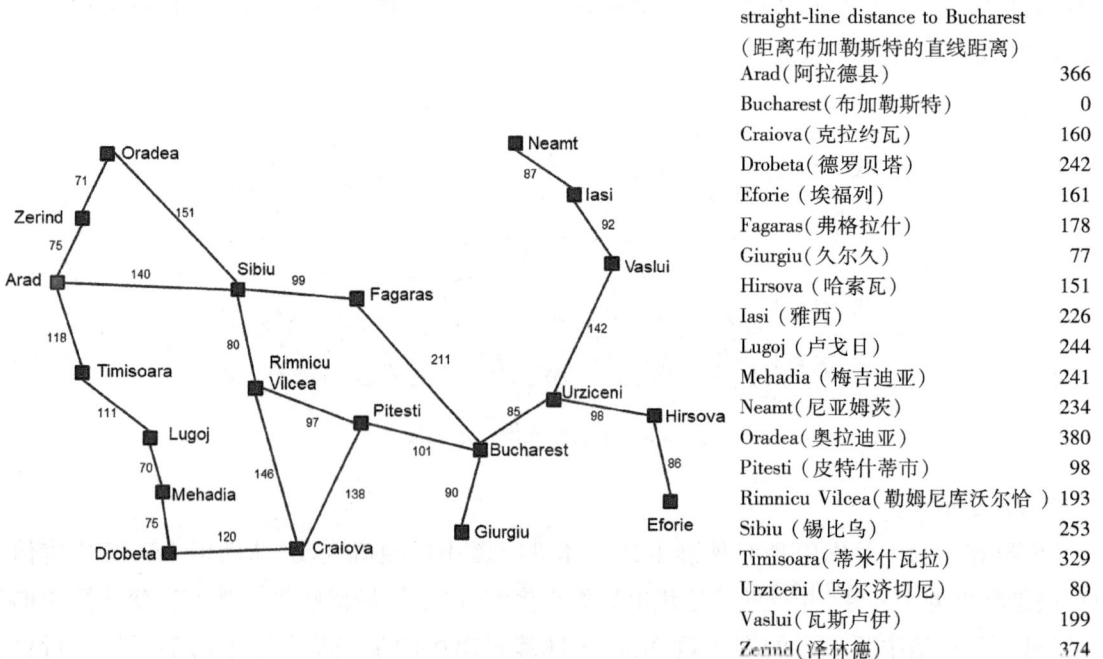

straight-line distance to Bucharest (距离布加勒斯特的直线距离)	
Arad(阿拉德县)	366
Bucharest(布加勒斯特)	0
Craiova(克拉约瓦)	160
Drobeta(德罗贝塔)	242
Eforie (埃福列)	161
Fagaras(弗格拉什)	178
Giurgiu(久尔久)	77
Hirsova (哈索瓦)	151
Iasi (雅西)	226
Lugoj (卢戈日)	244
Mehadia (梅吉迪亚)	241
Neamt(尼亚姆茨)	234
Oradea(奥拉迪亚)	380
Pitesti (皮特什蒂市)	98
Rimnicu Vilcea(勒姆尼库沃尔恰)	193
Sibiu (锡比乌)	253
Timisoara(蒂米什瓦拉)	329
Urziceni (乌尔济切尼)	80
Vaslui(瓦斯卢伊)	199
Zerind(泽林德)	374

图 2.10　旅行商问题

2.5.1 提出问题

根据前面章节的介绍,我们知道启发式搜索算法是可以用于遍历搜索树或图的算法。在解决旅行商问题时,我们可以将问题视为在城市的图结构上搜索一条路径。给定罗马尼亚的城市列表和它们之间的距离矩阵,我们需要找到一条最短的路径,使得旅行商能够访问每个城市恰好一次,并最终返回起点。这里,我们将使用 A* 搜索算法来尝试找到这样的路径。

2.5.2 解决方案

A* 搜索算法结合了最佳优先搜索算法和 Dijkstra 算法的特点,通过估计从当前节点到目标节点的代价(启发函数)来指导搜索方向,从而提高旅行商问题的搜索效率。为了实现返回布加勒斯特的最短路径,提出以下方案:

步骤一:定义状态空间。状态可以表示为当前所在城市以及已经访问过的城市集合。初始状态为布加勒斯特和空集合,目标状态为布加勒斯特和包含所有城市的集合。

步骤二:定义代价函数。实际代价 [$g(n)$]:从起始状态到当前状态的实际距离。估计代价[$h(n)$]:从当前状态到目标状态的估计距离,通常使用某种启发式方法(如直线距离、欧氏距离等)来计算。总代价[$f(n)$]:$f(n) = g(n) + h(n)$,用于在搜索过程中选择最优的下一个状态。

步骤三:初始化优先队列。将初始状态加入优先队列,根据总代价进行排序。

步骤四:按最小代价值搜索。从优先队列中取出总代价最小的状态。如果该状态是目标状态,则搜索结束,返回找到的路径。否则,扩展该状态,生成所有可能的下一个状态(即未访问过的相邻城市)。计算每个新状态的总代价,并将其加入优先队列。如果优先队列中已存在相同的状态,则比较新计算的总代价和旧的总代价,只保留总代价较小的状态。重复上述步骤,直到找到目标状态或优先队列为空。

2.5.3 预备知识

利用 A* 搜索算法解决旅行商问题须掌握以下基本知识:

(1) 图论基础:A* 搜索算法通常用于在图中寻找最短路径。因此,需要了解图的基本概念(如节点、边、权重等)以及图的表示方法(如邻接矩阵和邻接表)。

(2) 启发式搜索算法:A* 搜索算法是一种启发式搜索算法,它通过启发函数来指导搜索方向。因此,需要了解启发式搜索算法的基本原理和特点,以及常见的启发式搜索算法(本小节以 A* 搜索算法为例)。

(3) 优先队列:A* 搜索算法在搜索过程中需要根据节点的总代价(f 值)来选择下一个要扩展的节点。因此,需要了解优先队列这种数据结构,它可以根据元素的优先级进行排序和访问。

（4）算法分析和优化：需要了解算法的时间复杂度和空间复杂度分析，以及如何优化算法性能。对于 A* 搜索算法，启发函数的选择和优化是关键，因此需要了解如何调整启发函数以提高搜索效率。

2.5.4 任务 1——设计启发函数

接下来，我们将用一段代码设计 A* 搜索算法的启发函数，核心是遍历图中的每一个节点的邻接节点以及成本。其中，current 表示当前节点，next_node 表示的是邻接节点，edge_data 包含边的信息，如 edge_data['weight']就代表了边上的权重，也就是代价成本。

```
for next_node, edge_data in graph[current].items():
    new_cost = cost_so_far[current] + edge_data['weight']
    if next_node not in cost_so_far or new_cost < cost_so_far[next_node]:
        cost_so_far[next_node] = new_cost
        priority = new_cost + heuristic(next_node, end)
        heapq.heappush(frontier, (priority, next_node))
    return came_from, cost_so_far
```

2.5.5 任务 2——找到解决旅行商问题的最优路径

任务 1 中已经设计好了启发函数，接下来我们将从定义节点、节点和节点之间边关系以及计算启发函数等多方面，用 A* 搜索算法找到解决旅行商问题的最短路径。问题的初始状态是从 Arad 出发，找到 Bucharest 作为终点。算法全部的实现流程包括：导入实验库、定义边列表、存储启发信息、创建无向加权图、定义启发函数、实现并执行 A* 搜索算法，最后重建路径并绘制路线图，具体过程如下：

① 导入实验所需要的库，包括 networkx、matplotlib、heapq。

```
import networkx as nx
import matplotlib.pyplot as plt
import heapq
```

② 定义边列表。

```
edges = [('Arad', 'Zerind', 75), ('Arad', 'Sibiu', 140), ('Arad', 'Timisoara', 118),('Zerind', 'Oradea',
        71), ('Oradea', 'Sibiu', 151), ('Timisoara', 'Lugoj', 111), ('Lugoj', 'Mehadia', 70),
        ('Mehadia', 'Drobeta', 75), ('Drobeta', 'Craiova', 120), ('Sibiu', 'Fagaras', 99), ('Sibiu',
        'Rimnicu Vilcea', 80), ('Rimnicu Vilcea', 'Craiova', 146), ('Fagaras', 'Bucharest', 211),
        ('Rimnicu Vilcea', 'Pitesti', 97), ('Pitesti', 'Bucharest', 101), ('Bucharest', 'Giurgiu', 90),
        ('Bucharest', 'Urziceni', 85), ('Urziceni', 'Hirsova', 98), ('Urziceni', 'Vaslui', 142),('Hirsova',
        'Eforie', 86), ('Vaslui', 'Iasi', 92), ('Iasi', 'Neamt', 87),]
```

③ 存储启发信息。

```
straight_line = {'Arad': 366,'Bucharest': 0,'Craiova': 160,'Drobeta': 242,'Eforie': 161,
                 'Fagaras': 178,'Giurgiu': 77, 'Hirsova': 151, 'Iasi': 226, 'Lugoj': 244,
                 'Mehadia': 241, 'Neamt': 234, 'Oradea': 380, 'Pitesti': 98,
                 'Rimnicu Vilcea': 193,'Sibiu': 253, 'Timisoara': 329,'Urziceni': 80,'Vaslui': 199,'Zerind':
                 374}
```

④ 创建无向加权图。

```
G = nx.Graph()
G.add_weighted_edges_from(edges)
```

⑤ 定义启发函数。

```
def heuristic(a, b):
    return straight_line[b] if b in straight_line else float('inf')
```

⑥ 实现 A* 搜索算法。

```
def astar_search(graph, start, end, heuristic):
    frontier = []
    came_from = {}
    cost_so_far = {}
    heapq.heappush(frontier, (0, start))
    cost_so_far[start] = 0

    while frontier:
        current_priority, current = heapq.heappop(frontier)

        if current == end:
            break

        for next_node, edge_data in graph[current].items():
            new_cost = cost_so_far[current] + edge_data['weight']
            if next_node not in cost_so_far or new_cost < cost_so_far[next_node]:
                cost_so_far[next_node] = new_cost
                priority = new_cost + heuristic(next_node, end)
                heapq.heappush(frontier, (priority, next_node))
    return came_from, cost_so_far
```

⑦ 执行 A* 搜索。

```
start = 'Arad'
end = 'Bucharest'
came_from, cost_so_far = astar_search(G, start, end, heuristic)
```

⑧ 重建路径。

```
path = []
current = end
while current in came_from:
    path.append(current)
    current = came_from[current]
path = [start] + path[::-1]  # 添加起始节点到路径的开始,并反转列表
```

⑨ 绘制图形和路径。

```
pos = nx.spring_layout(G)
nx.draw(G, pos, with_labels=True, node_color='skyblue', node_size=500, width=5)
nx.draw_networkx_edges(G, pos, edgelist=list(zip(path[:-1], path[1:])), edge_color='r', width=3)
plt.axis('off')
plt.show()
```

⑩ 最终输出结果如图 2.11 所示。

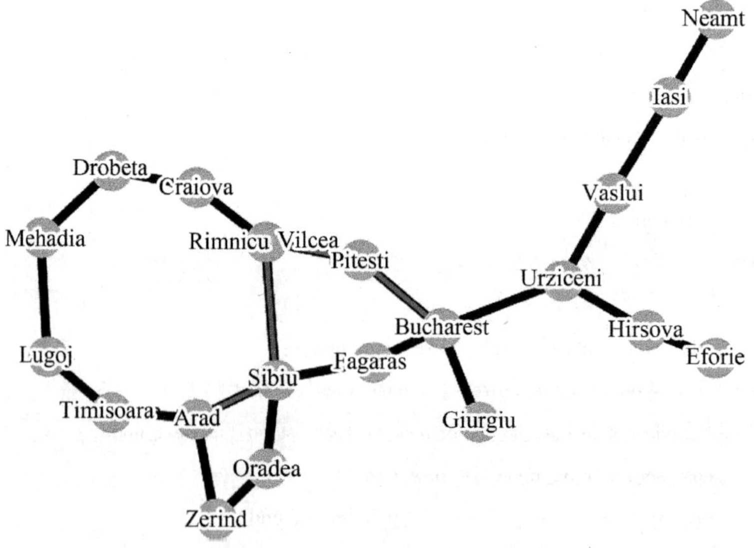

图 2.11　A* 搜索算法结果图

2.6 案例2——用遗传算法解决优化问题

2.6.1 提出问题

利用遗传算法解决优化问题。本案例要求通过遗传算法寻找函数$f(x)$的最小值,其中已经给出适应度函数为$f(x)=-x^2$。虽然$f(x)=-x^2$函数在实数域上没有最小值,但是可以限制搜索范围[X_min,X_max],例中的X_min赋值为-5,X_max赋值为5,所以实际上是找到适应度函数在[-5, 5]区间上的最小值。

2.6.2 解决方案

步骤一:定义遗传算法的基本参数,包括种群大小(pop_size)、交叉概率(PC)、变异概率(PM)、搜索范围(X_min和X_max)以及DNA长度(DNA_SIZE)。

步骤二:随机生成初始种群。种群中的每个个体都由一串二进制基因(DNA)表示,其长度由DNA_SIZE决定。这些基因编码通过解码函数映射到搜索空间内的实数。

步骤三:适应度评估。对于种群中的每个个体,首先通过解码函数将其基因编码转换为实数,然后计算其目标函数值(在这个例子中是x的平方),目标函数值作为个体的适应度。

步骤四:遗传算子操作,包括选择操作、交叉操作和变异操作。根据个体的适应度,使用轮盘赌选择法从当前种群中选择个体。适应度高的个体有更大的概率被选中进入下一代。交叉操作:对选中的个体进行配对,并以交叉概率PC随机选择交叉点进行交叉操作,生成新的后代个体。交叉操作模拟了自然界的交配过程,有助于在种群中引入新的基因组合。变异操作:对后代个体中的每个基因位,以变异概率PM随机进行变异,即改变其基因值。变异操作模拟了基因突变,有助于增加种群的多样性。

步骤五:种群更新。将生成的后代个体与当前种群合并,根据适应度选择最优的个体组成新的种群,用于下一轮迭代。

步骤六:终止与结果输出。重复进行进化阶段的操作,直到达到预设的迭代次数。在迭代结束后,从最终种群中选择适应度最高的个体作为最优解。通过解码函数将其基因编码转换为实数,即为所求的最优解。

2.6.3 预备知识

1. 生物进化理论

遗传算法模拟了自然界的生物进化过程,因此需要对生物进化理论有所了解,包括遗传信息的传递、变异与重组机制以及自然选择的原则。

2. 种群遗传学

遗传算法中的种群代表着问题的解空间，而个体的遗传操作则模拟了种群的进化。因此，了解种群遗传学的基本概念，如基因、染色体、种群结构等，对于正确应用遗传算法至关重要。

3. 概率论与随机过程

遗传算法中的选择、交叉和变异等操作都具有一定的随机性，需要利用概率论和随机过程的知识来分析和设计算法。这包括理解随机变量的分布、期望和方差等概念，以及随机过程的基本性质。

4. 算法设计与分析

遗传算法作为一种优化算法，其性能受到多种因素的影响，如种群大小、交叉和变异概率等。因此，需要掌握算法设计与分析的基本方法，包括如何确定合适的算法参数、如何评估算法的性能以及如何对算法进行优化。

2.6.4 任务 1——设计适应度函数

本案例中我们会以 $f(x) = x^2$ 作为适应度函数，求解在一定范围内的最小值问题。在具体实现之前，我们需要分析本次实验中需要用到的库包。由于会涉及多维数组和矩阵的数学运算，以及利用线图的形式展示实验结果，所以需要用到 numpy 和 matplotlib 库，除此之外还要定义全局变量，代码如下：

```
import numpy as np
import matplotlib.pyplot as plt
pop_size = 50  # 种群数量
PC = 0.6  # 交叉概率
PM = 0.01  # 变异概率
X_max = 5  # 搜索范围最大值
X_min = -5  # 搜索范围最小值
DNA_SIZE = 20  # DNA 长度,决定了精度
N_GENERATIONS = 100  # 迭代次数
```

2.6.5 任务 2——找到适应度函数的最大值

通过前面的理论介绍，读者可以基本掌握遗传算法的原理。下面，我们将通过实例操作，实现利用遗传算法找到适应度函数的最大值。首先，确定适应度函数为 $y = x^2$，然后随机生成一个初始种群，每个个体代表解空间中的一个潜在解。随后进行选择操作，选择出目前适应度值大的个体，再进行轮盘赌选择、交叉、变异等操作，生成新的子代个体，保证种群基因的多样性。最后，在迭代结束后，输出最佳解的二维坐标。

① 初始化种群。

```
pop = np.random.uniform(low=0, high=1, size=(pop_size, DNA_SIZE))
# 解码函数
def decode(individual):
    return X_min + individual.dot(np.arange(DNA_SIZE)[::-1]) * (X_max - X_min) / (2 ** \
        DNA_SIZE - 1)
```

② 目标函数。

```
def aim(x):
    return x ** 2
```

③ 适应度函数。

```
def fitnessget(individual):
    decoded_value = decode(individual)
    return -aim(decoded_value)
```

④ 选择操作(轮盘赌选择)。

```
def select(pop, fitness):
    total_fitness = fitness.sum()
    probabilities = fitness / total_fitness
    cumulative_probs = probabilities.cumsum()
    new_pop = np.empty_like(pop)
    for i in range(pop_size):
        r = np.random.rand()
        for j in range(pop_size):
            if r < cumulative_probs[j]:
                new_pop[i] = pop[j]
                break
    return new_pop
```

⑤ 交叉操作。

```
def crossover(parent1, parent2):
    cross_point = np.random.randint(1, DNA_SIZE)
    child1 = np.concatenate((parent1[:cross_point], parent2[cross_point:]))
    child2 = np.concatenate((parent2[:cross_point], parent1[cross_point:]))
    return child1, child2
```

⑥ 变异操作。

```
def mutate(individual, PM):
    for point in range(DNA_SIZE):
        if np.random.rand() < PM:
        individual[point] += np.random.uniform(-1, 1)
            individual[point] = np.clip(individual[point], 0, 1)
    return individual
```

⑦ 主循环。

```
best_fitness = float('-inf')
best_individual = None
best_x = None
for i in range(N_GENERATIONS):
    fitness = np.array([fitnessget(individual) for individual in pop])
    if fitness.max() > best_fitness:
        best_fitness = fitness.max()
        best_individual = pop[np.argmax(fitness)]
        best_x = decode(best_individual)
```

⑧ 选择操作、交叉操作、变异操作。

```
pop = select(pop, fitness)
new_pop = []
for _ in range(pop_size // 2):
    parent1_idx, parent2_idx = np.random.choice(pop_size, size=2, replace=False)
    parent1, parent2 = pop[parent1_idx], pop[parent2_idx]
    if np.random.rand() < PC:
        child1, child2 = crossover(parent1, parent2)
    else:
        child1, child2 = parent1, parent2
    child1 = mutate(child1, PM)
    child2 = mutate(child2, PM)
    new_pop.extend([child1, child2])
pop = np.array(new_pop)
```

⑨ 输出最佳解的二维坐标。

```
print(f"Best individual: {best_individual}")
print(f"Best x: {best_x}")
print(f"Best fitness: {best_fitness}")
```

⑩ 绘制结果。

```
x_values = np.linspace(X_min, X_max, 1000)
y_values = -x_values ** 2
plt.plot(x_values, y_values, label='True Function')
plt.scatter(best_x, -best_fitness, color='red', label='Best Found')
plt.xlabel('x')
plt.ylabel('f(x)')
plt.title('Genetic Algorithm Optimization')
plt.legend()
plt.grid(True)
plt.show()
```

⑪ 最终结果展示如图 2.12 所示。

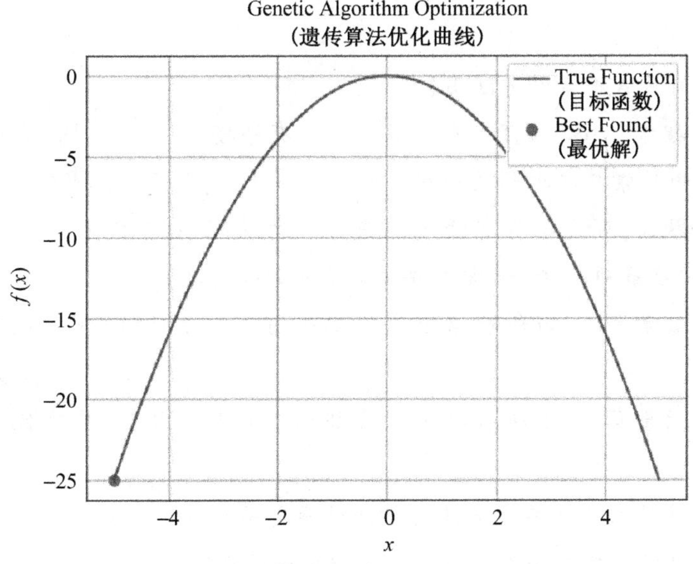

图 2.12 遗传算法优化问题

本章小结

搜索算法就是根据所设定的问题,从搜索空间中寻找符合条件的答案。如果搜索空间较大,需要采取剪枝和采样等手段。搜索是人工智能能力体现的一种手段,匹配式搜索与数据采样式学习相互结合,使得搜索超越了传统的匹配计算模式。

课后习题

一、判断题

1. 启发式搜索中,通常 OPEN 表上的节点按照它们的 f 函数值递减顺序排列。( )

2. 启发式搜索是一种利用启发信息的搜索。( )

3. 如果搜索是以接近起始节点的程度依次扩展节点的,那么这种搜索就叫作宽度优先搜索。( )

4. 在进行有序搜索时,此时 OPEN 表是一个按节点的启发估价函数值的大小为序排列的优先队列。( )

5. 启发式搜索一定比盲目式搜索好。( )

6. 宽度优先搜索策略是一种完整的搜索策略,只要问题有解,就能找到解。( )

7. 深度优先搜索策略可能找不到最优解,也可能根本找不到解。( )

二、选择题

1. 下面属于盲目式搜索的方法有( )。

A. 深度优先搜索　B. 宽度优先搜索　C. 有序搜索　D. 启发式搜索

2. 以下关于用搜索算法求解最短路径问题的说法中,不正确的是( )。

A. 给定两个状态,可能不存在两个状态之间的路径;也可能存在两个状态之间的路径,但不存在最短路径(如考虑存在负值的回路情况)

B. 假设状态数量有限,当所有单步代价都相同且大于 0 时,深度优先的图搜索是最优的

C. 假设状态数量有限,当所有单步代价都相同且大于 0 时,广度优先的图搜索是最优的

D. 图搜索算法通常比树搜索算法的时间效率更高

3. 以下关于启发函数和评价函数的说法中正确的是( )。

A. 启发函数不会过高估计从当前节点到目标节点之间的实际代价

B. 取值恒为 0 的启发函数必然是可容的

C. 评价函数通常是对当前节点到目标节点距离的估计

D. 如果启发函数满足可容性,那么在树搜索 A^* 算法中节点的评价函数值按照扩展顺序单调非减;启发函数满足一致性时图搜索 A^* 算法也满足该性质

三、简答题

求解函数 $f(x) = x + 10\sin 5x + 7\cos 4x$ 在区间 $[0, 9]$ 的最大值。

第3章

回归分析

回归分析是研究自变量与因变量之间数量变化关系的一种分析方法。它主要是通过建立因变量 Y 与影响它的自变量 $X_i(i = 1, 2, 3, \cdots)$ 之间的回归模型，来衡量自变量 X_i 对因变量 Y 的影响能力，进而可以用来预测因变量 Y 的发展趋势。

回归分析的应用非常广泛，例如在医学领域预测疾病进展，在金融领域预测股票价格，在环境科学领域预测污染水平等。它是理解和预测变量间相互依赖关系的强有力工具。

学习目标

知识目标：

1. 理解回归分析的基本概念：明确回归分析的目的、意义及其在实际中的应用场景，掌握因变量、自变量、回归模型、回归系数等基本概念。

2. 掌握回归分析的原理和方法：深入理解线性回归的基本原理和方法，包括模型的构建、参数的估计、模型的检验等，并了解其他类型的回归方法，如多项式回归、逻辑回归等。

3. 了解回归分析在不同领域的应用：探讨回归分析在金融、医疗、市场研究等领域的应用案例，理解其如何帮助解决实际问题。

能力目标：

1. 能够概述回归分析的发展和应用：能够梳理回归分析从诞生到现在的主要发展阶段，以及每个阶段的重要事件和里程碑。

2. 能够比较和分析不同的回归分析技术：能够区分不同回归分析技术的特点、优势和局限性，并根据具体问题选择合适的技术方案。

3. 能够初步判断回归分析的应用前景：能够基于当前的技术和市场环境，初步判断回归分析在不同领域的应用前景和发展潜力。

素质目标：

1. 培养数据分析和解决问题的能力：通过回归分析的学习，培养独立思考、勇于探索的能力，不断寻求新的方法和思路来解决数据分析中的复杂问题，为全面建设社会主义现代化国家提供智力支持。

2. 培养批判性思维：在讨论回归分析的假设条件、模型选择、异常值处理等方面，学会批判性地思考，并学会在实际应用中灵活运用各种方法和技巧，以适应新时代中国特色社会主义建设的需要。

3. 树立责任意识，认识到数据分析的社会影响和责任：积极参与数据分析伦理和安全问题的探讨和实践，理解回归分析结果对决策的影响，确保分析结果能够服务于人民的福祉和社会的和谐稳定。

3.1 线性回归

线性回归(Linear Regression)是回归分析中的一种，它利用数理统计中的回归分析，确定两种或两种以上变量间相互依赖的定量关系。其核心思想是利用线性回归方程(函数)对一个或多个自变量(特征值)和因变量(目标值)之间的关系进行建模。

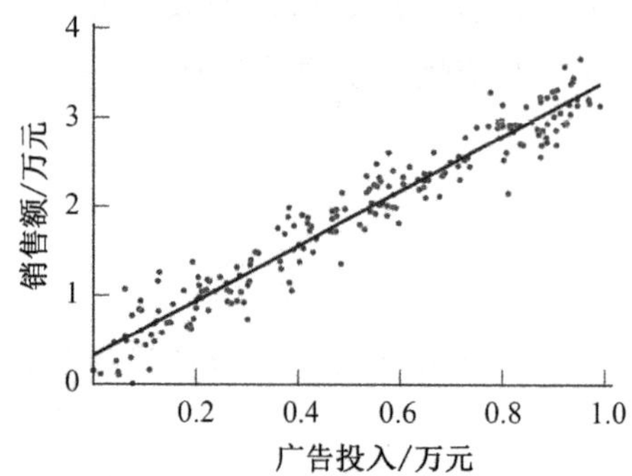

图 3.1 线性回归效果图

在线性回归中，如果只有一个自变量，那么这种关系称为单变量回归或一元线性回归。如果回归分析中包括两个或两个以上的自变量，且因变量和自变量之间是线性关系，那么这种关系称为多元线性回归。线性回归效果如图 3.1 所示。

线性回归是一种统计学和机器学习中常用的方法，用于建立变量之间线性关系的模型。它的结果具有很好的可解释性，并且是很多强大的非线性模型的基础。

线性回归在实际中的应用非常广泛，常用于房价预测、销售额度预测、贷款额度预测等领域。在实际应用中，线性回归模型的适用性和准确性需要注意以下几点：

(1) 数据预处理：需要对数据进行适当的预处理，比如去除异常值、处理缺失值、特征缩放等，以确保模型的输入数据质量。

(2) 模型假设检验：线性回归模型基于一系列假设，包括线性、独立性、正态性、方差齐性和无多重共线性等。在使用模型之前，应该通过绘制散点图、进行正态性检验、Durbin-Watson 检验、残差分析等方法来验证这些假设是否成立。

(3) 模型评估：使用适当的指标如均方误差(Mean Squared Error, MSE)或决定系数(R^2)来评估模型的性能，这些指标可以衡量模型对观测数据的拟合程度和预测能力。

(4) 模型解释：线性回归模型的系数可以用来解释自变量对因变量的影响程度，但需要注意的是，即使模型的预测性能良好，也可能存在系数无法直观解释的情况，尤其是在处理多重共线性问题时。

(5) 模型泛化能力：需要确保模型不仅仅在训练集上表现良好，也能够在新的、未见过的数据上做出准确的预测，这要求模型具有良好的泛化能力。

(6) 模型更新：随着时间的推移，数据可能会发生变化，因此需要定期对模型进行更新和维护，以保持其准确性和相关性。

(7) 非线性关系处理：在实际应用中，自变量和因变量之间可能不总是存在严格的线性关系。在这种情况下，可以考虑使用非线性变换、多项式回归，或者引入交互项来捕捉变量之间的复杂关系。

(8) 模型诊断：通过残差分析等方法进行模型诊断，检查模型是否存在偏差或特定的问题，如异方差性、自相关等，并根据诊断结果进行调整。

(9) 模型选择：在某些情况下，如果线性回归模型不适用，可以考虑使用其他类型的模型，如决策树、随机森林、支持向量机等。

(10) 软件包应用：利用现有的统计软件和机器学习库，如 Python 中的 scikit-learn 和 TensorFlow，可以方便地实现线性回归模型的训练和预测。

总的来说，线性回归虽然是一个基础的模型，但在实际应用中仍然需要考虑诸多因素，以确保其有效性和准确性。通过对数据的适当处理和模型的细致评估，可以在房价预测、销售额度预测、贷款额度预测等领域发挥线性回归的作用。同时，理解线性回归的基本原理和演化发展，对于深入学习和应用更复杂的机器学习模型也是非常有帮助的。

3.1.1 一元线性回归

如果在回归分析中，只包括一个自变量和一个因变量，且二者的关系可用一条直线近似表示，这种回归分析称为一元线性回归分析。

一元线性回归作为统计分析中的一种基础且实用的方法，被广泛应用于各个领域的实证研究中。它主要用来探索单个自变量 x 与因变量 y 之间的线性关系，通过已知的数据点来构建一个线性回归方程，从而预测或估计未知的数据点。这种方法的核心在于揭示两者之间的潜在联系，为决策和预测提供科学依据。

在运用一元线性回归时，我们假设自变量 x 是影响因变量 y 的主要因素。这里的自变量 x 代表了样本的特征数值，它可以是任何一种连续型或离散型的变量，如年龄、收入、教育水平等。而因变量 y 则是我们想要预测的样本的预测值，它通常是受自变量 x 影响的目标变量，如销售额、健康状况等。

回归模型的目的在于找到最能代表已知数据点之间关系的一元线性函数。这个函数通常以 $y = \beta_0 + \beta_1 \times x$ 的形式表示，其中 β_0 是截距项，代表当 x 为 0 时 y 的期望值；β_1 是斜率项，代表 x 每增加一个单位时 y 的平均变化量。通过最小二乘法和梯度下降法等拟合方法，我们可以估计出 β_0 和 β_1 的值，从而得到完整的回归方程。

一元线性回归模型在统计学和数据分析领域一直占据着重要的地位，它是用来探索自变量与因变量之间线性关系的一种经典方法。然而，就像任何工具或模型一样，一元线性回归也有其固有的局限性和特定的假设条件。在深入探讨这些方面之前，我们首先需要理解一元线性回归模型的基本原理和应用场景。

一元线性回归模型假设自变量 x 与因变量 y 之间存在一种线性的、比例恒定的关系。这种关系可以用一条直线来近似表示，其中直线的斜率和截距分别代表了 x 对 y 的影响程度和基准水平。通过拟合这条直线，我们可以根据已知的 x 值来预测 y 的可能取值，或者通过分析直线的斜率和截距来解释 x 对 y 的影响方向和程度。这种简单直观的预测和解释功能使得一元线性回归成为许多数据分析问题的首选方法。

然而，尽管一元线性回归模型具有诸多优点，但在实际应用中我们也需要关注其局限性和假设条件。首先，关于线性关系的假设，这是一个非常基础且关键的设定。在现实生活中，数据之间的关系往往比线性关系更为复杂。例如，某些经济指标可能随着另一指标的增长而呈现加速增长的趋势，或者达到某一阈值后增长速率放缓甚至开始下降。这些都是非线性关系的典型表现。如果在实际应用中忽略了这种非线性关系，而强行使用一元线性回归模型进行拟合和预测，那么结果很可能与实际情况存在较大的偏差。

其次，误差项独立同分布的假设同样至关重要。这个假设要求每个数据点的误差都是随机的、独立的，并且这些误差的方差在整个数据集中是一致的。然而，在实际的数据收集和处理过程中，这一假设往往难以完全满足。例如，可能存在某些隐藏的变量或因素同时影响着 x 和 y，导致误差项并非完全独立；又或者，数据集中可能存在一些异常值或测量误差，使得误差项的方差并非恒定。这些因素都可能对一元线性回归模型的准确性和可靠性产生负面影响。

除了上述两个主要的假设条件外，一元线性回归模型还有一些其他的限制和潜在问题。例如，它假设自变量 x 是已知的、可测量的，并且与因变量 y 之间存在直接的因果关系。然而，在实际应用中，我们可能无法准确测量或获取 x 的值，或者 x 与 y 之间的关系可能受到其他未观测到的变量的影响。此外，一元线性回归模型也无法处理多个自变量的情况，当存在多个自变量时，我们需要考虑使用多元线性回归或其他更复杂的模型。

为了克服这些局限性和潜在问题，我们需要在使用一元线性回归模型时进行充分的数据探索和预处理。首先，我们需要检查数据的分布特征，确保数据符合一元线性回归模型的假设条件。如果数据存在非线性关系或异方差性等问题，我们需要考虑进行变量转换或使用其他更合适的模型。其次，我们需要识别并处理数据中的异常值和缺失值。异常值可能会对模型的拟合和预测产生干扰，而缺失值则可能导致信息损失和模型的不稳定。因此，我们需要采用适当的方法来处理这些问题，例如通过插值、删除或替换等方法来填充缺失值，或者使用稳健回归等方法来降低异常值的影响。

此外，我们还需要对模型的假设进行检验和验证。这包括检验误差项是否满足独立同分布的条件，以及检查模型的拟合优度和预测精度等。我们可以使用残差分析、Q-Q 图(Quantile-Quantile Plot)、R^2(R-squared)等方法来进行这些检验和验证工作。

其中，残差分析是回归分析中不可或缺的一部分，它对于检验模型的假设、识别异常值以及改进模型拟合效果具有重要意义。在一元线性回归模型中,残差是指实际观测值与模型预测值之间的差异,即观测值减去预测值得到的结果。通过对残差进行深入分析,我们可以了解模型的拟合情况,并据此进行必要的调整和优化。

残差分析有助于检验模型的假设条件。在一元线性回归中,我们假设误差项是独立同分布的,这意味着残差应该呈现出随机分布的特征,没有特定的模式或趋势。如果残差图显示出明显的模式,如递增或递减的趋势,或者存在周期性波动,这可能意味着模型的假设不成立,需要进一步审查和处理。

残差分析可以帮助我们识别数据中的异常值。异常值是指那些与其他观测值存在显著差异的数据点,它们可能是由于测量误差、数据录入错误或特殊事件等原因导致的。在残差图中,异常值通常表现为远离零点的极端值。通过识别和处理这些异常值,我们可以提高模型的稳健性和准确性。冲击力残差分析如图 3.2 所示。

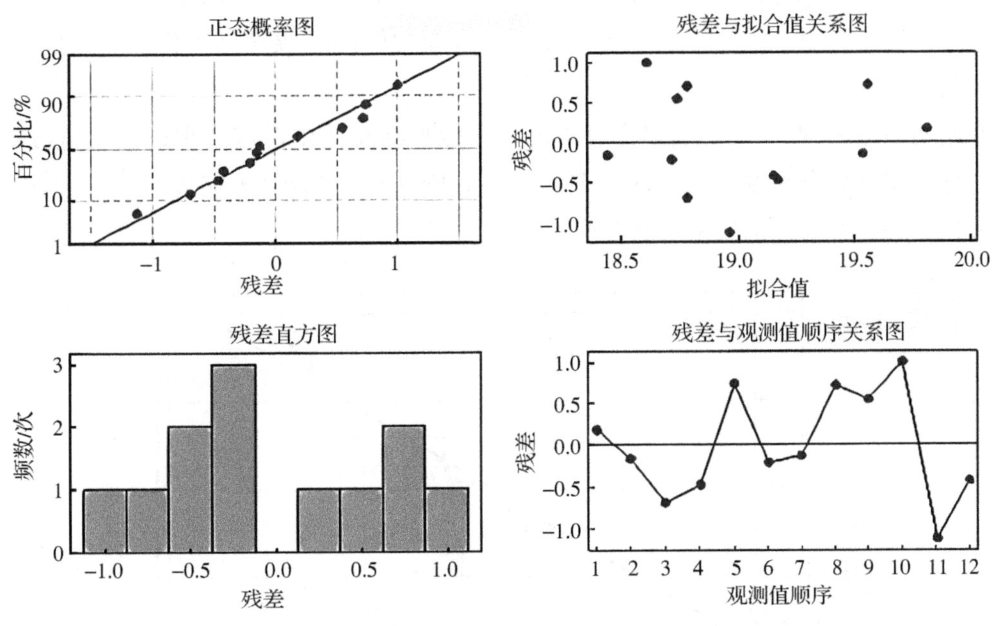

图 3.2 冲击力残差分析

残差分析还可以用于评估模型的拟合优度。通过观察残差的分布和大小,我们可以了解模型对数据的拟合程度。如果残差较小且分布均匀,说明模型对数据的拟合效果较好;反之,如果残差较大或分布不均,则可能意味着模型存在欠拟合或过拟合的问题,需要进行相应的调整。

在进行残差分析时,我们可以采用多种方法和工具。首先,绘制残差图是一种直观有效的方法。通过残差图,我们可以观察残差的分布、趋势和异常值等情况。其次,计算残差的统计量,如均值、标准差、偏度和峰度等,也可以帮助我们了解残差的分布特征。

残差分析在一元线性回归模型中扮演着至关重要的角色。通过对残差进行深入分析,我们可以检验模型的假设条件、识别异常值并评估模型的拟合优度。这有助于我们更好地理解模型的性能，发现潜在问题并进行必要的调整和优化。因此，在进行一元线性回归分析时，我们应该充分重视残差分析的重要性，并采用适当的方法和工具来进行有效的分析。

Q-Q 图，即分位数-分位数图，是在统计学中常用的一种概率图，用于比较两个概率分布。这种图形化的方法可以将两个分布的分位数放在一起进行比较。

在 Q-Q 图中，图的横、纵坐标通常代表两个不同的分布。每个点(x, y)在图上反映出其中一个分布(y 坐标)的分位数和与之对应的另一个分布(x 坐标)的相同分位数。如果两个分布相似，Q-Q 图上的点将趋近于落在 $y=x$ 直线上。如果两个分布线性相关，则点将在 Q-Q 图上趋近于落在一条直线上，但这条直线并不一定是 $y=x$ 线。

Q-Q 图的主要用途是检查数据是否服从某种特定的理论分布，或者是否来自某个位置参数的分布族。此外，它还可以比较概率分布的形状，从图形上显示两个分布的位置、尺度和偏度等性质是否相似或不同。因此，Q-Q 图在分布的位置-尺度范畴提供了一个可视化的评估参数。

在绘制 Q-Q 图时，首先需要确定样本的实际数据在总体中对应的理论位置，这通常可以通过计算累计分布函数(Cumulative Distribution Function, CDF)来完成。然后，使用这些理论分位数和样本的分位数来绘制图形。Q-Q 图如图 3.3 所示。

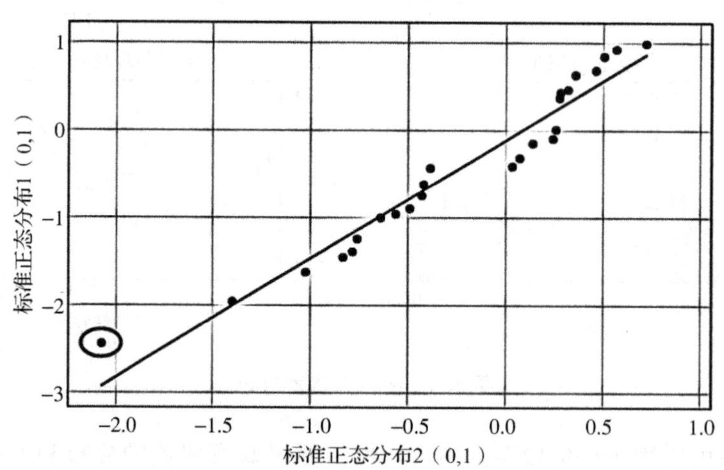

图 3.3　两个标准正态分布的 Q-Q 图

总的来说，Q-Q 图是一种强大的工具，可以帮助研究者理解和比较不同的概率分布，进而在数据分析、假设检验和模型选择等方面提供有价值的见解。

R^2，也被称为决定系数或拟合优度(图 3.4)，是衡量回归模型拟合效果的一个关键指标。它表示模型解释的变异性与总变异性的比值，反映了模型对数据的拟合程度。R^2 的取值范围在 0 到 1 之间，越接近 1 表示模型的拟合效果越好，模型解释的数据变异性越高；反之，R^2 越接近0，表示模型的拟合效果越差，模型解释的数据变异性越低。

具体来说，R^2 是通过计算实际观测值与模型预测值之间的残差平方和（Residual Sum of Squares，RSS）与总平方和（Total Sum of Squares，TSS）的比例得出的。总平方和是实际观测值与平均观测值之差的平方和，反映了数据本身的变异性；而残差平方和则是实际观测值与模型预测值之差的平方和，反映了模型未能解释的变异性。

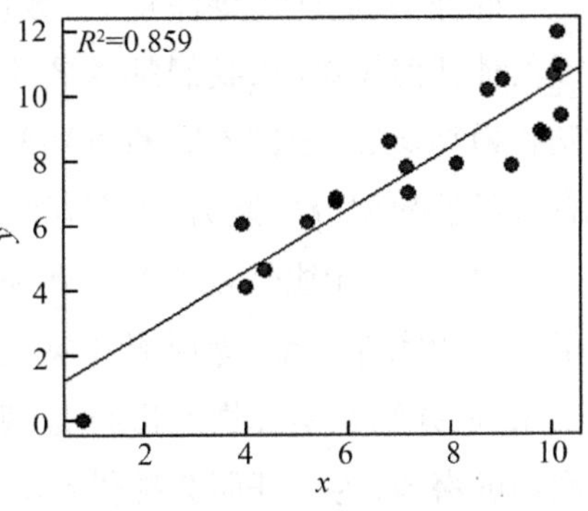

图3.4 R^2 散点回归线图的函数

R^2 的计算公式为：

$$R^2 = 1 - (\mathrm{RSS}/\mathrm{TSS}) \tag{3.1}$$

公式（3.1）表明，R^2 实际上是模型解释的变异性与总变异性的比值，即模型解释了多大比例的数据变异性。

需要注意的是，R^2 虽然是一个重要的拟合优度指标，但它并不是衡量模型好坏的唯一标准。有时候，即使 R^2 较高，模型也可能存在过拟合或其他问题。因此，在评估模型时，除了关注 R^2 外，还需要综合考虑其他指标和模型的实际情况。

此外，R^2 还可以用于比较不同模型的拟合效果。在多个模型中选择最佳模型时，可以比较它们的 R^2，选择 R^2 较高的模型作为更优的模型。然而，需要注意的是，R^2 的比较应在相同的数据集和相同的变量下进行，以确保比较的公正性和准确性。

总之，R^2 是衡量回归模型拟合效果的一个重要指标，它反映了模型对数据的解释程度。在使用 R^2 时，需要综合考虑其他指标和模型的实际情况，以做出准确的评估和选择。

如果发现模型存在不符合假设的情况或预测效果不佳的问题，我们需要重新审视数据和处理方法，或者考虑使用其他更合适的模型来进行分析和预测。

综上所述，一元线性回归模型虽然具有简单直观的优点，但在实际应用中我们也需要关注其局限性和假设条件。通过充分的数据探索和预处理，以及对模型假设的检验和验证，我们可以确保模型的有效性和可靠性，从而得到更准确、更有意义的预测和解释。同时，我们也需要保持对数据分析和建模的审慎态度，不断学习和探索新的方法和技术，以应对更加复杂和多变的数据分析问题。

在深入讨论一元线性回归的局限性和假设条件时，我们还需要认识到，这些限制并非一成不变。随着统计和机器学习领域的发展，研究者们提出了许多改进和优化方法，以扩展一元线性回归模型的应用范围和提高其预测性能。例如，通过引入正则化（Regularization）项来防止过拟合，或者使用非参数方法来处理非线性关系等。这些方法可以帮助我们更好地应对实际数据分析中的挑战和问题。

此外，我们还需要注意到，数据分析并非一蹴而就的过程。在使用一元线性回归模型或其他任何模型时，我们都需要不断迭代和优化我们的分析策略。这包括重新审视数据、调整模型参数、尝试不同的方法和技术等。只有通过不断的实践和探索，我们才能逐步提高自己的数据分析能力，为实际问题提供更准确、更有价值的解决方案。

总之，一元线性回归是一种强大的统计工具，它可以帮助我们揭示单个自变量与因变量之间的线性关系，为预测和决策提供科学依据。然而，在使用时需要注意其局限性和假设条件，并结合实际情况进行合理的调整和优化。只有这样，我们才能充分发挥一元线性回归的潜力，为实证研究提供有力的支持。

3.1.2 多元线性回归

多元线性回归是一种统计方法，用于分析一个因变量与多个自变量之间的线性关系，如图 3.5 所示。当在回归分析中，有两个或两个以上的自变量时，就称为多元线性回归。这种回归模型可以帮助我们理解多个自变量如何共同影响一个因变量，并据此进行预测或估计。作为统计学的重要分支，其应用广泛且影响深远。当我们面对复杂的数据集，特别是涉及多个可能的影响因素时，这一方法为我们提供了深入理解这些变量之间关系的可能性。其核心理念在于探索多个自变量如何协同作用，影响一个特定的因变量。

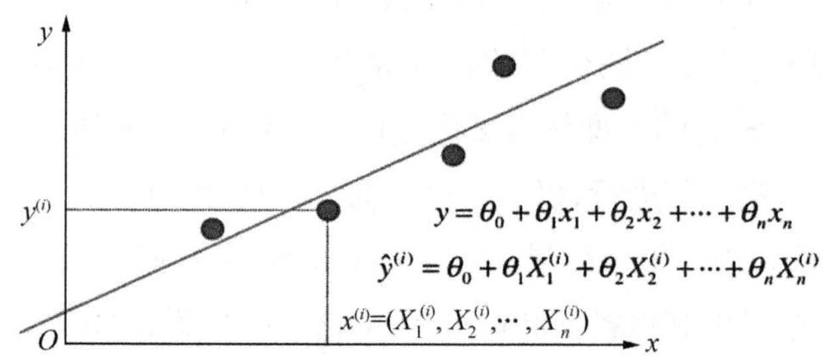

图 3.5 多元线性回归

多元线性回归模型的一般形式为：

$$Y=\beta_0+\beta_1X_1+\beta_2X_2+\cdots+\beta_kX_k+\mu \tag{3.2}$$

在这个模型中，Y 代表因变量，X_1，X_2，$\cdots$，X_k 代表 k 个自变量，β_0 是截距项，而 β_1，β_2，$\cdots$，β_k 则是对应的回归系数，μ 为误差项。

每一个回归系数 $\beta_j(j=1,2,\cdots,k)$ 都代表了当其他自变量保持不变时，某一个自变量变化一个单位对因变量的效应。这为我们提供了一个量化各个自变量对因变量影响的视角。然而，仅仅知道这些回归系数的值并不足以完全理解它们背后的意义。因为在实际应用中，各个自变量的单位和量纲往往不同，这导致了回归系数的大小并不能直接反映该自变量对因变量的影响程度。

例如，假设我们有两个自变量：收入（以元为单位）和教育年限（以年为单位）。显然，收入和教育年限的单位完全不同，这使得它们的回归系数在数值上可能相差很大。但这并不意味着收入对因变量的影响就比教育年限大或小。为了解决这个问题，研究者通常会采用标准化的方法。标准化是一种将数据转化为标准分（即均值为0，标准差为1）的过程。通过将所有变量，包括因变量，都转化为标准分，再进行线性回归，此时得到的回归系数就能真正反映对应自变量的重要程度。

多元线性回归的基本原理和基本计算过程与一元线性回归相似。在一元线性回归中，我们主要关注一个自变量与因变量之间的关系；而在多元线性回归中，我们则考虑多个自变量如何共同影响因变量。尽管原理相似，但由于自变量个数的增加，多元线性回归的计算过程相对复杂得多。这主要是因为我们需要估计更多的回归系数，并考虑这些自变量之间的相互作用。

在实际应用中，研究者通常会借助统计软件来进行多元线性回归的计算。这些软件不仅能够帮助我们快速得到回归系数的估计值，还能提供一系列的统计检验和诊断工具，帮助我们评估模型的拟合效果、检验模型的假设条件等。

值得注意的是，尽管多元线性回归模型在许多情况下都能提供有用的信息，但它也有一些局限性。首先，多元线性回归模型假设自变量和因变量之间存在线性关系。然而，在实际问题中，这种线性关系可能并不总是成立。如果自变量和因变量之间存在非线性关系，那么使用多元线性回归模型可能会导致结果的偏差。

其次，多元线性回归模型还假设误差项μ满足一定的条件，如均值为0、方差恒定且相互独立等。然而，这些假设条件在实际问题中可能并不总是满足。例如，如果误差项存在异方差性或自相关性，那么模型的估计结果可能会受到影响。

此外，多元线性回归模型还可能受到多重共线性的影响。多重共线性是指自变量之间存在高度相关性的情况。当自变量之间存在多重共线性时，模型的估计结果可能会不稳定，甚至导致某些回归系数的符号与预期相反。

为了解决这些问题，研究者可以采取一系列的措施。例如，对于非线性关系的问题，我们可以尝试通过变换自变量或引入非线性项来改进模型；对于误差项的问题，我们可以进行异方差性或自相关性的检验和修正；对于多重共线性的问题，我们可以采用逐步回归、主成分回归等方法来减少自变量之间的相关性。

总的来说，多元线性回归模型是一种强大而灵活的工具，它可以帮助我们深入了解多个自变量与因变量之间的复杂关系。然而，在使用这一模型时，我们需要仔细考虑其假设条件和局限性，并结合实际情况进行适当的调整和改进。只有这样，我们才能充分发挥多元线性回归模型的优势，为决策提供有力的支持。

随着数据科学和机器学习技术的不断发展，多元线性回归模型也在不断更新和完善。未来，我们可以期待这一模型在更多领域发挥更大的作用，为我们提供更加深入和准确的见解。同时，我们也需要不断学习和探索新的方法和技术，以应对日益复杂的数据和分析需求。

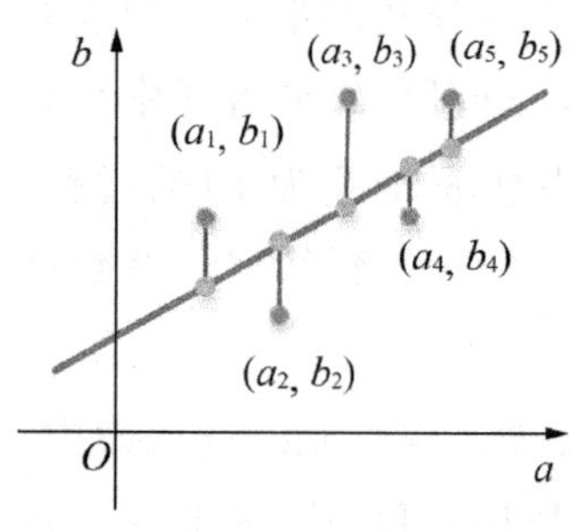

图 3.6　最小二乘法原理

在多元线性回归中，最小二乘法是一种常用的参数估计方法，它为研究者提供了一种量化多个自变量对因变量影响的有效手段。如图 3.6 所示，该方法通过最小化残差平方和来找到最优的回归系数。此外，还需要进行模型的拟合优度检验和假设检验，以确保模型的准确性和有效性。

最小二乘法的核心思想在于通过最小化残差平方和来找到最优的回归系数，使得模型对数据的拟合效果最好。下面，我们将详细探讨最小二乘法在多元线性回归中的应用，以及与之相关的拟合优度检验和假设检验。

首先，我们需要了解什么是残差。在多元线性回归中，残差是指实际观测值与模型预测值之间的差异。当模型拟合效果良好时，这些残差应该相对较小且随机分布。最小二乘法正是基于这一思想，通过调整回归系数来最小化残差平方和，从而使得模型对数据的拟合更为精确。

具体来说，最小二乘法通过以下步骤来实现参数估计：

(1) 初始化回归系数：在开始迭代之前，通常需要为回归系数设定一个初始值。这个初始值可以是任意的，但在实际应用中，为了加速收敛过程，通常会选择一些启发式的方法来确定初始值。

(2) 计算残差：根据当前的回归系数，计算每个观测值的残差。这可以通过将实际观测值减去模型预测值来实现。

(3) 调整回归系数：基于残差，通过一定的算法（如梯度下降法）来更新回归系数的值。这一过程旨在减小残差平方和，使得模型对数据的拟合更为紧密。

(4) 迭代优化：重复上述步骤，直到满足某个收敛条件（如残差平方和的变化量小于某个阈值）或达到预设的最大迭代次数。通过这一过程，我们可以找到一组最优的回归系数，使得模型对数据的拟合效果达到最佳。

值得注意的是，最小二乘法虽然简单易行，但也有其局限性。例如，当自变量之间存在多重共线性时，最小二乘法可能会导致回归系数的估计不稳定。此外，当误差项不满足独立同分布等假设条件时，最小二乘法的估计结果也可能受到影响。因此，在使用最小二乘法进行参数估计时，我们需要仔细考虑这些潜在的问题，并采取适当的措施来应对。

在得到回归系数的估计值后，我们还需要对模型进行一系列的检验，以确保其准确性和有效性。其中，拟合优度检验和假设检验是两种常用的方法。

拟合优度检验主要用于评估模型对数据的拟合程度。常用的拟合优度指标包括决定系数（R^2）和调整决定系数（Adjusted R^2）。这些指标可以告诉我们模型解释了因变量变异的多少比例。一个较高的 R^2 值通常意味着模型对数据的拟合效果较好。然而，需要注意的是，R^2 值并非越高越好。当自变量过多或存在无关变量时，R^2 值可能会过高地估计模型的拟合效果。因此，在使用 R^2 值进行拟合优度检验时，我们需要结合实际情况进行综合判断。

假设检验则是用于检查模型的假设条件是否成立。在多元线性回归中，我们通常需要对误差项的分布、方差齐性以及自变量与误差项之间的独立性等假设进行检验。这些假设条件对于模型的准确性和有效性至关重要。如果假设条件不成立，那么模型的估计结果可能会受到严重影响。因此，在进行多元线性回归时，我们需要进行严格的假设检验，以确保模型的可靠性和稳定性。

具体来说，我们可以使用残差图、正态性检验、方差齐性检验等方法来检验误差项的分布和方差齐性；通过计算自变量与残差之间的相关系数或进行相关性检验来检查自变量与误差项之间的独立性。如果检验结果显示假设条件不成立，那么我们需要重新考虑模型的设定或采取其他方法来解决这些问题。

除了拟合优度检验和假设检验外，我们还可以使用交叉验证、Bootstrap 等方法来进一步评估模型的性能和稳定性。这些方法可以帮助我们更全面地了解模型的优缺点，并为后续的模型改进提供有益的参考。

最小二乘法在多元线性回归中扮演着重要的角色。通过最小化残差平方和，我们可以找到最优的回归系数，使得模型对数据的拟合效果达到最佳。然而，仅仅得到回归系数的估计值并不足以保证模型的准确性和有效性。我们还需要进行严格的拟合优度检验和假设检验，以确保模型的可靠性和稳定性。在实际应用中，我们需要结合具体情况选择合适的检验方法和手段，以充分发挥多元线性回归模型的优势，为决策提供有力的支持。

总的来说，多元线性回归是一种强大的统计工具，可以帮助我们理解多个自变量与因变量之间的线性关系，并进行有效的预测和估计。但同时，也需要注意其局限性和假设条件，以确保结果的准确性和可靠性。

3.1.3 梯度下降法

梯度下降法(Gradient Descent)是一种在机器学习和深度学习中广泛应用的优化算法。它通过迭代的方式逐步调整模型参数，以最小化或最大化某个目标函数(通常是损失函数)，从而找到模型参数的最优解。要使用梯度下降法找到一个函数的局部极小值，必须向函数在当前点对应梯度(或者是近似梯度)的反方向，按规定的步长距离点进行迭代搜索。如果沿着梯度的正方向进行迭代搜索，我们将会接近函数的局部最大值点，这个过程被称为梯度上升法。

梯度下降法的核心原理在于通过迭代的方式逐步调整模型参数，以最小化或最大化某个目标函数(通常是损失函数)。如图 3.7 所示，在机器学习和深度学习的广泛应用中，梯度下降法被用来寻找模型参数的最优解。

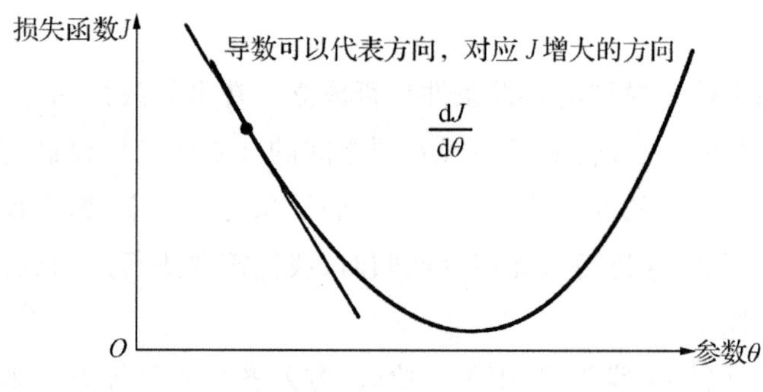

图 3.7 梯度下降法

梯度下降法的核心在于利用损失函数在当前参数值处的梯度信息来指导参数更新。首先，我们需要理解什么是梯度。在微积分中，梯度表示一个函数在其某一点上的方向导数沿着该方向取得最大值，即函数在该点处沿着该方向（梯度的方向）变化最快，变化率最大（为该梯度的模）。在多元函数中，梯度是一个向量，其方向上的每一个分量都对应着函数在该点处沿着该方向的方向导数。损失函数图如图 3.8 所示。

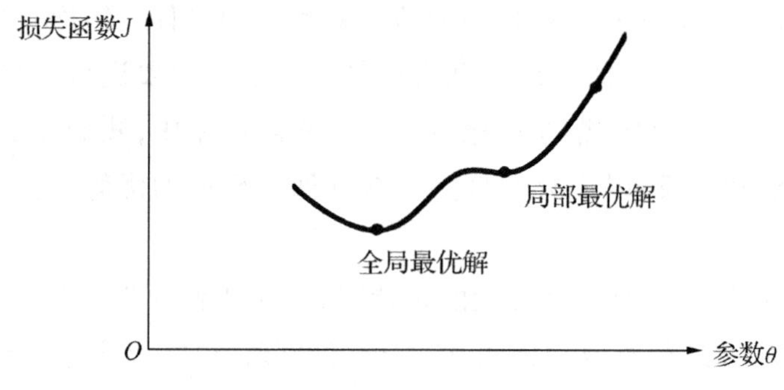

图 3.8 损失函数

在梯度下降法中，我们的目标是找到使得损失函数最小的模型参数。为了实现这一目标，我们首先随机初始化模型参数，然后计算损失函数在当前参数下的梯度。梯度的方向就是损失函数增加最快的方向，因此，我们沿着梯度的反方向（即负梯度方向）更新参数，这样可以使损失函数减小。具体来说，每一次迭代，我们都会根据当前的梯度调整参数，使得损失函数减小。这个过程会一直持续，直到达到预设的迭代次数，或者损失函数的变化已经非常小，即认为已经找到了局部最优解。局部最优解如图 3.9 所示。

需要注意的是，梯度下降法并不一定能找到全局最优解，而可能是局部最优解。这是因为损失函数可能存在多个局部最小值，而梯度下降法只能保证在当前位置的附近找到最小值。因此，在实际应用中，我们可能需要采用一些策略，如多次初始化参数、调整学习率等，来尽量找到更好的解。

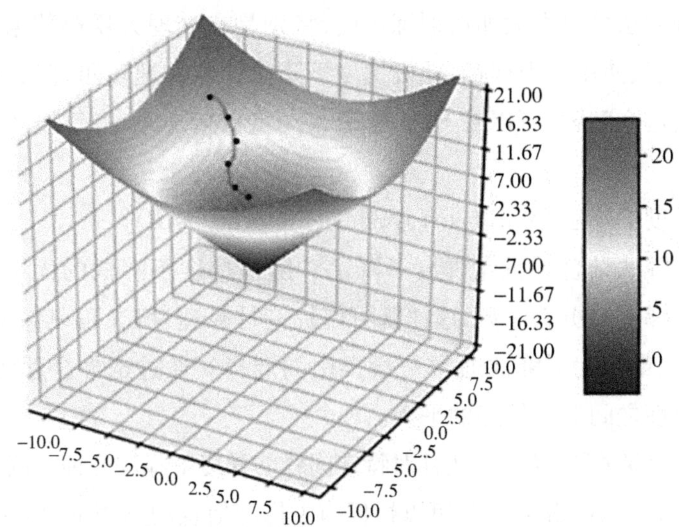

图 3.9　局部最优解

梯度下降法在机器学习和深度学习中有着广泛的应用。无论是线性回归、逻辑回归还是神经网络等模型,我们都需要通过梯度下降法来训练模型,找到使损失函数最小的参数值。下面我们将以神经网络为例,介绍梯度下降法的应用。

在神经网络的训练过程中,我们需要通过反向传播算法计算损失函数关于模型参数的梯度。然后,利用梯度下降法来更新模型参数,使得损失函数逐渐减小。具体来说,我们首先初始化神经网络的权重和偏置等参数,然后前向传播计算网络的输出和损失函数值。接着,通过反向传播算法计算损失函数关于各层参数的梯度。最后,根据梯度下降法的原理,沿着负梯度方向更新参数。这个过程会不断迭代进行,直到达到预设的迭代次数或损失函数收敛。

通过梯度下降法的训练,神经网络可以逐渐学习到数据的内在规律和特征,从而实现对新数据的预测和分类等任务。在实际应用中,梯度下降法还可以结合其他优化算法和技术,如动量、学习率衰减等,来提高模型的训练效果和收敛速度。

为了更好地适应不同的应用场景和需求,梯度下降法有多种变种。下面我们将介绍几种常见的梯度下降法变种。

(1) 批量梯度下降法(Batch Gradient Descent, BGD)

批量梯度下降法是指在每一次迭代中使用所有样本来计算梯度并更新参数。这种方法在样本数量较少时效果较好,可以充分利用所有样本的信息来更新参数。然而,当样本数量非常大时,批量梯度下降法的计算成本会非常高昂,导致训练速度变慢。此外,由于每次迭代都需要使用所有样本,批量梯度下降法对于内存的消耗也较大。

(2) 随机梯度下降法(Stochastic Gradient Descent, SGD)

与批量梯度下降法不同,随机梯度下降法在每一次迭代中只使用一个样本来计算梯度并更新参数。这种方法可以大大加快训练速度，特别是在处理大规模数据集时具有显著优势。然而，由于每次只使用一个样本，随机梯度下降法的收敛速度可能较慢，且结果可能不够稳定。为了解决这个问题，可以在 SGD 中引入动量（Momentum）等技巧来加速收敛并稳定结果。

（3）小批量梯度下降法（Mini-batch Gradient Descent，MGD）

小批量梯度下降法结合了批量梯度下降法和随机梯度下降法的优点。它每次使用一小部分样本来计算梯度并更新参数，这样既可以提高计算速度，又可以保持一定的稳定性。在实际应用中，小批量梯度下降法通常是最常用的选择。通过选择合适的批量大小，可以在训练速度和稳定性之间取得较好的平衡。

除了上述常见的变种外，还有一些针对特定问题的梯度下降法变种。例如，自适应学习率的梯度下降法（如 Adam、RMSprop 等）可以根据历史梯度信息动态调整学习率，从而提高算法的收敛速度和稳定性。这些变种方法在实际应用中可以根据具体问题的特点进行选择。

总的来说，梯度下降法是一种强大的优化工具，通过迭代的方式逐步调整模型参数，以最小化或最大化某个目标函数。在机器学习和深度学习的应用中，它被广泛用于寻找模型参数的最优解。

3.2 逻辑回归

逻辑回归（Logistic Regression）是一种经典的分类方法。尽管名字中包含“回归”，但它实际上被用于分类问题。这种方法相当于线性回归加上 Sigmoid 激活函数，可以将数据映射到 0 和 1 之间，从而更方便计算损失函数。回归分类如图 3.10 所示。

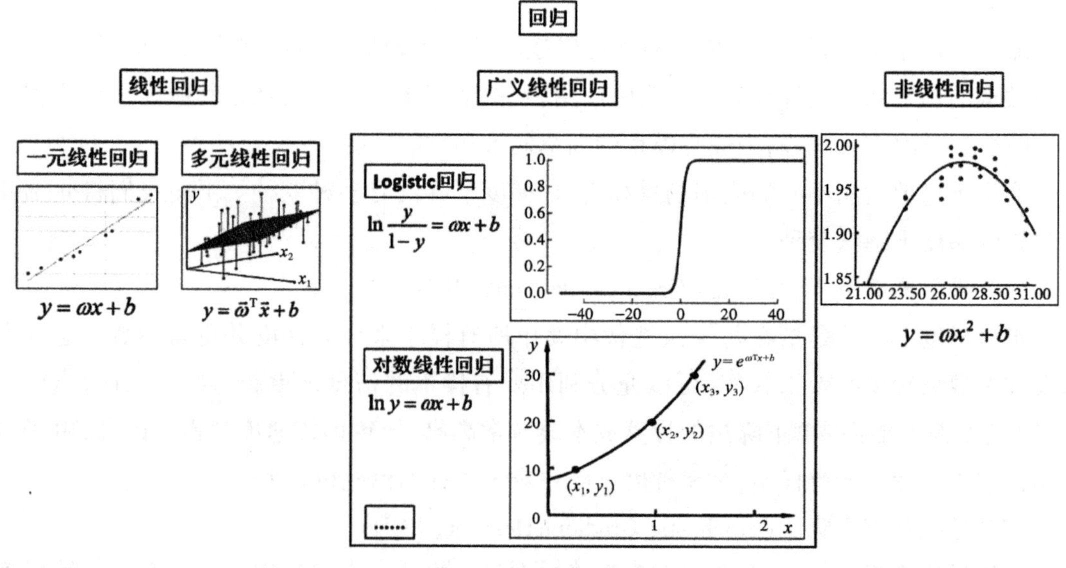

图 3.10　回归分类

3.2.1 逻辑回归模型原理

在逻辑回归中,假设随机变量 X 服从逻辑分布,其分布函数和密度函数具有特定的形式。分布函数是一条S形曲线,该曲线在两边增长较缓,而在中心增长较快。位置参数 μ 控制着曲线的位置,形状参数 γ 则控制曲线的形状。γ 越小,曲线在中心附近增长得越快。

二项逻辑回归模型是一种特定的分类模型,用于进行二类分类。该模型由条件概率分布 $P(Y|X)$ 表示,其中 X 取任意实数,Y 取0或1。模型的参数通过监督学习的方法来估计。

利用逻辑回归进行分类的主要思想是:根据现有数据对分类边界线建立回归公式,以此进行分类。这里的“回归”一词源于最佳拟合,表示要找到最佳拟合参数集。在训练分类器时,会寻找最佳拟合参数,通常使用最优化算法。这个过程需要对数据有一定的了解或分析,以便猜测预测函数的“大概”形式,比如是线性函数还是非线性函数。

在训练逻辑回归模型时,我们通常采用梯度下降法或其变种(如随机梯度下降、小批量梯度下降等)来优化损失函数,从而得到最优的模型参数。通过不断地迭代更新参数,我们可以使模型在训练数据上的预测性能逐渐提高,从而实现对新数据的准确分类。

逻辑回归具有简单、易实现、解释性强等优点,因此在许多实际问题中得到了广泛应用。然而,它也有一些局限性,例如对于特征之间存在复杂关系的问题,逻辑回归可能无法很好地建模。此外,当类别数量较多时,逻辑回归需要为每个类别单独建模,这可能导致计算复杂度和模型复杂度的增加。

总之,逻辑回归是一种强大的分类工具,尤其适用于二分类问题。通过引入Sigmoid函数等(图3.11),逻辑回归能够将线性回归的输出转换为概率值,并有效地衡量预测概率与真实标签之间的差异。在实际应用中,我们可以根据问题的特点和需求,选择适当的优化算法和参数设置来训练逻辑回归模型,以实现更好的分类性能。

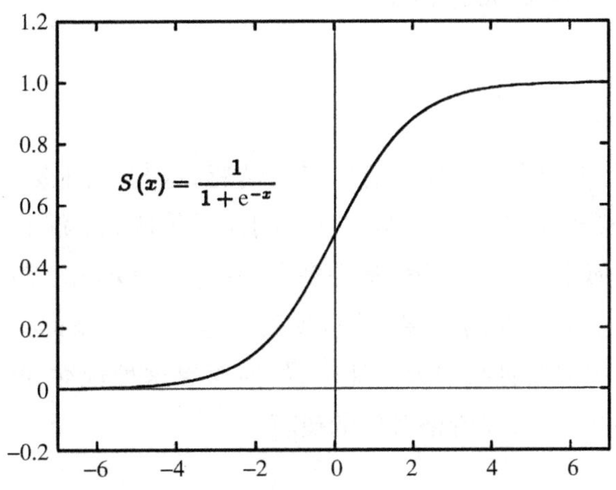

图3.11 逻辑回归Sigmoid函数

总之,逻辑回归是一种强大的分类工具,它通过拟合数据来建立分类模型,并可以输出每个类别的概率。这种方法在机器学习和统计学中得到了广泛的应用。

3.2.2 逻辑回归推导过程

逻辑回归和线性回归的原理是相似的,可以简单描述为以下过程:

(1) 找一个合适的预测函数,一般表示为 h 函数。该函数就是我们需要找的分类函数,它用来预测输入数据的判断结果。这个过程是非常关键的,需要对数据有一定的了解或分析,知道或者猜测预测函数的“大概”形式,比如是线性函数还是非线性函数。

(2) 构造一个 Cost 函数(损失函数),该函数表示预测的输出(h)与训练数据类别(y)之间的偏差,可以是二者之间的差($h-y$)或者是其他的形式。综合考虑所有训练数据的“损失”,将 Cost 求和或者求平均,记为 $J(\theta)$ 函数,表示所有训练数据预测值与实际类别的偏差。

显然,$J(\theta)$ 函数的值越小表示预测函数越准确(即 h 函数越准确),所以这一步需要做的是找到 $J(\theta)$ 函数的最小值。找函数的最小值有不同的方法,在逻辑回归中常采用的是梯度下降法。

(3) 应用 Sigmoid 函数:逻辑回归特有的一步是使用 Sigmoid 函数作为链接函数,将线性回归模型的输出映射到 0~1 之间的概率值。

(4) 参数估计:通过最大化似然函数来估计模型参数。在逻辑回归中,通常使用最大似然估计方法来估计参数,这与线性回归中使用最小二乘法来估计参数的方法不同。由于直接最大化似然函数可能比较困难,通常采用对数似然函数,并通过最大化对数似然函数来估计参数。

3.3 案例 1——预测房屋价格

3.3.1 提出问题

房屋是家的象征,中国人对房屋怀有深厚的情感,这与我们悠久的传统文化息息相关。诸如“雕梁画栋”“琼楼玉宇”“柱石之坚”“安居乐业”等成语,都深深烙印着与房屋相关的文化印记。拥有一套属于自己的房屋,是许多人心中长久以来的梦想。如果能从过往的房屋交易记录中发掘出某种潜在的规律,进而预测未来房屋价格的走势,这无疑对普通的购房者以及房屋中介公司都极具吸引力。那么,如何探寻这种规律呢? 回归分析或许能为我们提供答案,帮助我们解开房屋价格背后的奥秘。

3.3.2 解决方案

线性回归模型的训练涉及多个步骤,以下是一个详细的流程。

1. 数据准备

收集与房屋价格相关的数据，如房屋面积、位置、设施等。

对数据进行预处理，包括清洗、缺失值填充、异常值处理等。

如果需要，对数据进行标准化或归一化，以便不同特征之间具有可比性。

2. 特征选择

根据业务知识和数据特性，选择对房屋价格有影响的特征。

使用相关性分析等方法，进一步筛选特征，避免多重共线性问题。

3. 数据可视化

利用 matplotlib 或其他可视化工具，对房屋价格进行可视化分析。

观察房屋价格的走势，判断是否符合线性回归模型的变化趋势。

4. 定义线性回归模型

定义线性回归模型的基本形式，并赋予相关参数实际意义。

定义模型的参数，包括截距项和各个特征的系数。

5. 选择损失函数

损失函数用于衡量模型预测值与真实值之间的差距。

对于线性回归，常用的损失函数是均方误差(MSE)。

6. 选择优化算法

优化算法用于调整模型的参数，以最小化损失函数。

常用的优化算法包括梯度下降法、随机梯度下降法、批量梯度下降法等。

7. 模型训练

使用选定的优化算法，迭代更新模型的参数。

在每次迭代中，计算损失函数，并根据优化算法调整参数。

重复迭代过程，直到达到预设的停止条件，如损失函数收敛或达到最大迭代次数。

8. 模型评估

使用测试集评估模型的性能，如计算决定系数(R^2)、均方误差(MSE)等指标。

根据评估结果，判断模型的拟合效果和预测能力。

9. 模型应用

当模型训练完成并评估合格后，就可以利用该模型进行房屋价格的预测。

输入新的房屋特征数据，模型会输出预测的房屋价格。

3.3.3　预备知识

使用样本数据训练模型前，需要对数据进行处理。例如，有个别样本数据点偏离其他数据点较大，远离求解点的拟合直线，这有可能是收集误差或测量误差导致的。为了缩小样本数据取值的差异范围，提高数据质量，要用到一种常见方法——归一化。

归一化是指把数据变换成(0, 1)或者(-1, 1)范围内的小数,主要是为了方便数据处理,提高计算速度。或者把有量纲表达式变成无量纲表达式,便于不同单位或量级的指标进行比较和加权。数据归一化方法主要有以下两种。

(1) Min-Max 标准化(Min-Max Normalization)

该方法也称为离差标准化,是对原始数据的线性变换,使结果值映射到 0~1 之间。转换公式如式(3.3)所示。

$$x' = \frac{x - x_{\min}}{x_{\max} - x_{\min}} \tag{3.3}$$

其中 x' 为归一化后的值,$x_{\min}$ 为样本数据的最小值,$x_{\max}$ 为样本数据的最大值。该方法的缺陷就是当样本有新数据加入时,可能导致 $x_{\min}$ 和 $x_{\max}$ 的变化,需要重新计算归一化值。

(2) 0 均值标准化(Zero-Score Standardization)

这种方法基于原始数据的均值(Mean)和标准差(Standard Deviation)进行数据的标准化处理。经过处理的数据符合标准正态分布,即均值为 0,标准差为 1。转化公式如式(3.4)所示。

$$x' = \frac{x - \mu}{\sigma} \tag{3.4}$$

上式中的 μ 为所有样本的均值,σ 为所有样本的标准差。

当样本数据的特征值个数较多时,不同特征值的取值范围可能差异较大,如有两个特征值 $x_1, x_2, x_1 \in (1, 10), x_2 \in (100, 5\,000)$。如果不对原样本数据进行归一化处理,就会由于特征值量纲的影响,造成机器学习的效率和精度的降低。尽管本次样本数据的特征值只有房屋面积,不存在取值范围的差异问题,但考虑到归一化处理后模型的收敛速度和算法效果,后面仍要对样本数据进行归一化处理。

3.3.4 任务 1——可视化房屋数据

以 scikit-learn 的内置数据集波士顿(Boston)房屋价格为案例,采用单变量线性回归算法对数据进行拟合与预测。波士顿房屋的数据于 1978 年开始统计,共包含 506 个数据点,涵盖了波士顿不同郊区房屋的 14 种特征信息。在这里,选取房价中位数(MEDV)、每个房屋的平均房间数(RM)两个变量进行回归,其中房屋价格为目标变量,每个房屋的平均房间数为特征变量。将数据导入进来,并进行初步分析。

(1) 数据预处理

数据预处理的代码如下:

```
# 导入数据并做相关转换
import matplotlib.pyplot as plt       #导入 matplotlib 库
import numpy as np      #导入 numpy 库
import pandas as pd      #导入 pandas 库
```

```
from sklearn. datasets import load_boston       #从 sklearn 数据集库导入 boston 数据
boston=load_boston()       # 加载数据集 将读取的房价数据存储在 boston 变量中 boston 房价数据集
print(boston. keys())       #打印 boston 包含元素
print(boston. feature_names)       #打印 boston 变量名 数据集的特征值列名
```

结果显示：

```
['CRIM' 'ZN' 'INDUS' 'CHAS' 'NOX' 'RM' 'AGE' 'DIS' 'RAD' 'TAX' 'PTRATIO'
'B' 'LSTAT']
```

以下为相关参数介绍：

CRIM：城镇人均犯罪率。

ZN：住宅用地所占比例。

INDUS：城镇中非住宅用地所占比例。

CHAS：虚拟变量，用于回归分析。

NOX：环保指数。

RM：每个房屋的平均房间数。

AGE：1940 年以前建成的自住单位的比例。

DIS：距离 5 个波士顿的就业中心的加权距离。

RAD：距离高速公路的便利指数。

TAX ：每一万美元的不动产税率。

PTRATIO ：城镇中的教师学生比例。

B：城镇中的黑人比例。

LSTAT：地区中有多少房东属于低收入人群。

MEDV：房价中位数。

可视化房屋数据的步骤如下：

读取房价的相关影响因素：

```
# data 特征变量的前 5 行数据 地区相关属性 影响房价的因素
bos = pd. DataFrame(boston. data)       #将 data 转换为 DataFrame 格式以方便展示
print (bos. head())       #特征值的前 5 行数据
print (bos[5]. head())       #data 的第 6 列数据(RM)
```

第一个输出结果显示：

	0	1	2	3	4	5	6	7	8	9	10	11	12
0	0.00632	18	2.31	0	0.538	6.575	65.2	4.09	1	296	15.3	396.9	4.98
1	0.02731	0	7.07	0	0.469	6.421	78.9	4.9671	2	242	17.8	396.9	9.14
2	0.02729	0	7.07	0	0.469	7.185	61.1	4.9671	2	242	17.8	392.83	4.03
3	0.03237	0	2.18	0	0.458	6.998	45.8	6.0622	3	222	18.7	394.63	2.94
4	0.06905	0	2.18	0	0.458	7.147	54.2	6.0622	3	222	18.7	396.90	5.33

第二个输出结果显示：

```
0      6.575
1      6.421
2      7.185
3      6.998
4      7.147
Name:5, dtype:float64
```

将 target 前 5 行打印出来：

```
# 把 target 打印出来 目标值的前 5 行数据(房价)
bos_target = pd.DataFrame(boston.target)      #将 target 转换为 DataFrame 格式以方便展示
print(bos_target.head())
```

结果显示：

```
0
0  24.0
1  21.6
2  34.7
3  33.4
4  36.2
```

绘制房价中位数(MEDV)、每个房屋的平均房间数(RM)的散点图。

通过散点图可以看出，房价中位数(MEDV)与每个房屋的平均房间数(RM)存在着一定的线性变化趋势，即每个房屋的平均房间数越多，房价中位数越高。

下面就可以用单变量线性回归算法进一步进行拟合与预测。

```
# 绘制房价中位数(MEDV)与每个房屋的平均房间数(RM)的散点图
# X = bos.iloc[0:10,5:6]      #选取 data 中的 RM 变量   10 行数据
X = bos.iloc[:,5:6]      #选取 data 中的 RM 变量   平均房间数 1 列   全部 506 行数据
# y = bos_target[0:10]      #设定 target 为 y   10 行数据
y = bos_target      #设定 target 为 y 房价中位数   全部 506 行数据
plt.scatter(X, y)      #绘制散点图
plt.xlabel(u'RM')      #设置 x 轴标签
plt.ylabel(u'MEDV')      #设置 y 轴标签
plt.title(u'The relation of RM and MEDV')      #设置标题
```

结果显示如图 3.12 所示。

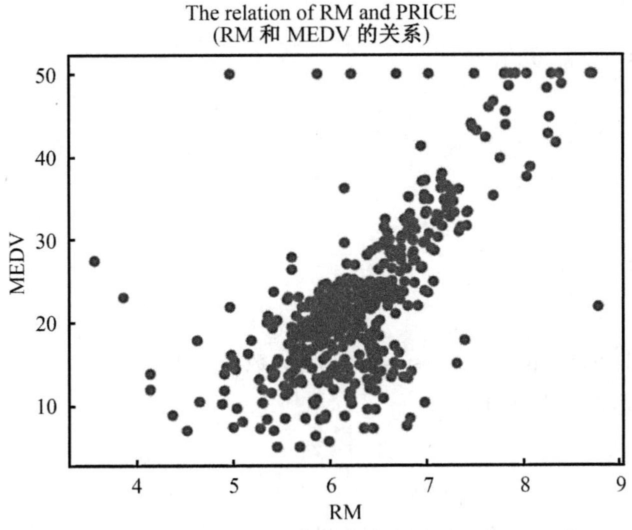

图 3.12　单变量线性回归

（2）数据集划分

数据集的划分可以采用 scikit-learn 库中的 model-selection 程序包来实现。划分数据集是为了训练和测试模型，其中训练集可以被模型学习训练，且训练过程中模型不知道测试集。

```
# 数据集划分
from sklearn.model_selection import train_test_split        #导入数据划分包
# 数据集划分基础示例：X1 代表 4 行 3 列特征值数据，y1 为 4 行目标值数据
X1 = [[1, 2, 3],
      [4, 5, 6],
      [7, 8, 9],
      [8, 9, 10]]

y1 = [0,
      0,
      1,
      1]
#25%的数据作为测试集，75%的数据作为训练集
X_train,X_test,y_train,y_test=train_test_split(X1, y1, test_size=0.25, train_size=0.75)
print(X_train)
print(y_train)
print(X_test)
print(y_test)
```

结果显示：

```
[[1, 2, 3], [7, 8, 9], [8, 9, 10]]
[0, 1, 1]
[[4, 5, 6]]
[0]
```

训练结果测试：

```
# 数据集划分
from sklearn.model_selection import train_test_split   #导入数据划分包
# 把 X、y 转化为数组形式,以便于计算
X = np.array(X)
y = np.array(y)
# 以 25%的数据构建测试样本,剩余数据作为训练样本
X_train,X_test,y_train,y_test=train_test_split(X,y,test_size=0.25)
print(X_train.shape) #X_train 训练集特征值只有房间数 1 列
print(y_train.shape) #y_train 训练集目标值价格 1 列
print(X_test.shape) #测试集的特征值房间数
print(y_test.shape) #测试集的目标值真实房价
```

结果显示：

```
(379, 1)
(379, 1)
(127, 1)
(127, 1)
```

3.3.5 任务 2——线性回归模型训练

输出的是 LinearRegression( )中的相关参数的设置。

fit_intercept：表示是否对训练数据进行中心化。若为 False,则表示输入的数据已经进行了中心化处理,下面的过程将不需要再进行中心化处理。

normalize：默认为 False,表示是否对数据进行标准化处理。

copy_X：默认为 True,表示是否对 X 进行复制。如果选择 False,则直接对原数据进行覆盖,即经过中心化、标准化后,新数据会覆盖到原数据上。

n_jobs：默认为 1,表示计算时设置的任务个数。如果选择-1,则代表使用所有的 CPU。

```
from sklearn.linear_model import LinearRegression        #使用 LinearRegression 库
lr=LinearRegression( )        #设定回归算法模型
#X_train 训练集特征值只有房间数 1 列,y_train 训练集目标值价格 1 列 379 行占 3/4
```

```
lr.fit(X_train,y_train)      #使用训练数据进行参数求解
LinearRegression(copy_X=True, fit_intercept=True, n_jobs=None, normalize=False)
LinearRegression(copy_X=True, fit_intercept=True, n_jobs=None, normalize=False)
print ('求解截距项为:',lr.intercept_)      #打印截距的值
print ('求解系数为:',lr.coef_)      #打印权重向量的值
```

结果显示：

```
求解截距项为：[-31.09207354]
求解系数为：[[8.53928207]]
```

对模型进行预测：

```
#[7],[5],[20] 代表待预测的房间数
print(lr.predict([[7],[5],[20]]))
```

结果显示：

```
[[ 28.68290093]
 [ 20.14361886]
 [139.69356781]]
```

基于训练好的线性回归模型，对测试集数据执行预测流程：

```
# X_test 为测试集,127 个特征值房间数;predict 为对测试集的预测
y_hat = lr.predict(X_test)      # y_hat 为预测出的房价
print(y_hat.shape)      #打印预测结果的形状
```

结果显示：

```
(127, 1)
```

3.3.6 任务3——模型的测试及评估

利用测试集对训练结果进行评估是至关重要的一步，它可以帮助我们了解模型在未见过的数据上的表现，从而判断模型的泛化能力。评估的主要思想是确保模型不仅仅是对训练数据进行了过拟合，而是能够在实际应用中有效地进行预测。评估的具体步骤如下：

（1）保持独立性：测试集是与训练集完全独立的数据集，这意味着在模型训练过程中，测试集数据从未被模型见过或使用过。这种独立性确保了测试集能够提供一个公正、无偏见的评估，反映模型在全新数据上的表现。

（2）做出预测：使用训练好的模型对测试集的特征（X_test）进行预测，得到预测值（y_hat）。这些预测值是模型在未见过的数据上的输出，因此它们能够反映模型在实际情况下

的预测能力。

（3）比较预测与实际目标值：将模型的预测值（y_hat）与测试集的实际目标值（y_test）进行比较。这种比较可以通过计算各种性能指标来完成。

（4）理解模型性能：通过比较预测值和实际目标值，我们可以了解模型在测试集上的性能。如果性能指标表现良好，则说明模型在未见过的数据上也能做出较为准确的预测，泛化能力较强。反之，如果性能指标表现较差，则可能需要重新考虑模型的选择、特征的选择或参数的调整。

（5）避免过拟合与欠拟合：通过比较训练集和测试集上的性能，我们可以判断模型是否存在过拟合或欠拟合的问题。如果模型在训练集上表现很好，但在测试集上表现较差，则可能是过拟合；如果模型在训练集和测试集上表现都很差，则可能是欠拟合。针对这些问题，我们可以采取相应的措施，如增加训练数据、调整模型复杂度、使用正则化等。

测试与评估的具体实现如下：

```
# 根据测试集样本数量生成横轴索引
t = np.arange(len(y_test))
print(t)
plt.figure(figsize=(10, 6))
# 显式传入横轴 t,保持其他样式(线型等)不变
plt.plot(t, y_test, label='y_test', linestyle='-', linewidth=2)
plt.plot(t, y_hat, label='y_hat', linestyle='--', linewidth=2)
plt.xlabel('test data', fontsize=12)
plt.ylabel('price', fontsize=12)
plt.legend(fontsize=12)      #设置图例
plt.grid(alpha=0.3)      #绘制网格线
plt.tight_layout()
plt.show()
```

结果显示：

```
[0    1    2    3    4    5    6    7    8    9    10   11   12   13   14   15   16   17
 18   19   20   21   22   23   24   25   26   27   28   29   30   31   32   33   34   35
 36   37   38   39   40   41   42   43   44   45   46   47   48   49   50   51   52   53
 54   55   56   57   58   59   60   61   62   63   64   65   66   67   68   69   70   71
 72   73   74   75   76   77   78   79   80   81   82   83   84   85   86   87   88   89
 90   91   92   93   94   95   96   97   98   99   100  101  102  103  104  105  106  107
 108  109  110  111  112  113  114  115  116  117  118  119  120  121  122  123  124  125
 126]
```

实际目标值与预测值的拟合图如图 3.13 所示。

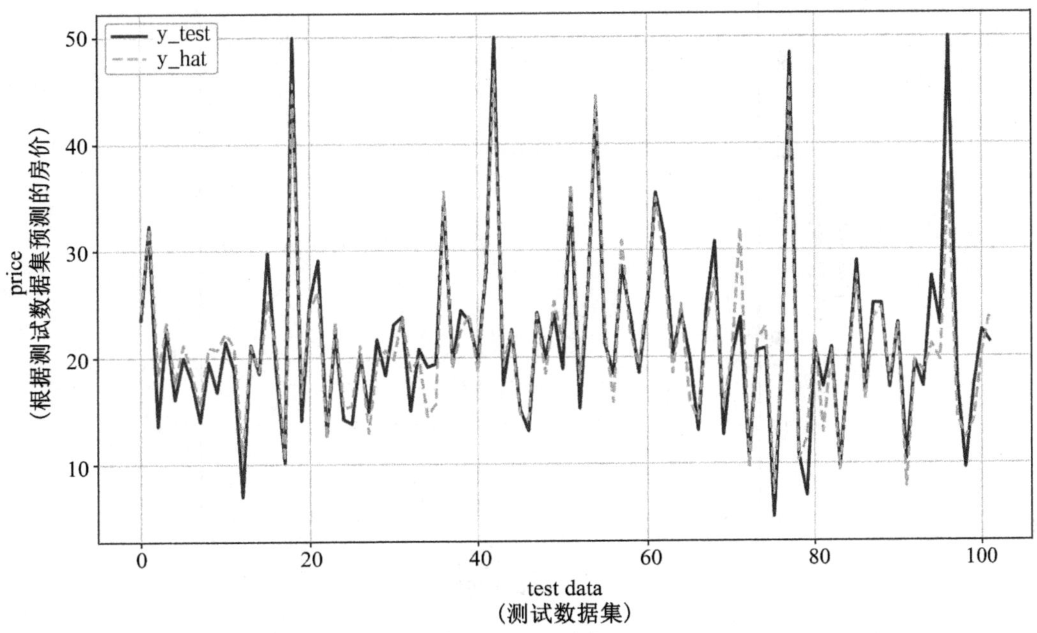

图 3.13 实际目标值(y_test)与预测值(y_hat)

```
plt.figure(figsize=(6,6))      #绘制图片尺寸正方形
plt.plot([20,30],[20,30],'o')      #绘制散点,y_test 为测试集真实房价,y_hat 为模型预测的房价
# plt.plot([0,60],[0,60], color="red", linestyle="--", linewidth=1.5)
plt.axis([0,60,0,60])
plt.xlabel('ground truth')      #设置 x 轴坐标轴标签,y_test 为测试集的真实房价
plt.ylabel('predicted')      #设置 y 轴坐标轴标签,y_hat 为模型预测的房价
plt.grid()      #绘制网格线
```

结果显示如图 3.14 所示。

```
plt.figure(figsize=(6,6))      #绘制图片尺寸 正方形
plt.plot(y_test,y_hat,'o')      #绘制散点,y_test 为测试集真实房价,y_hat 为模型预测的房价
# plt.plot([0,60],[0,60], color="red", linestyle="--", linewidth=1.5)
plt.axis([0,60,0,60])
plt.xlabel('ground truth')      #设置 x 轴坐标轴标签,y_test 为测试集真实房价
plt.ylabel('predicted')      #设置 y 轴坐标轴标签,y_hat 为模型预测的房价
plt.grid()      #绘制网格线
```

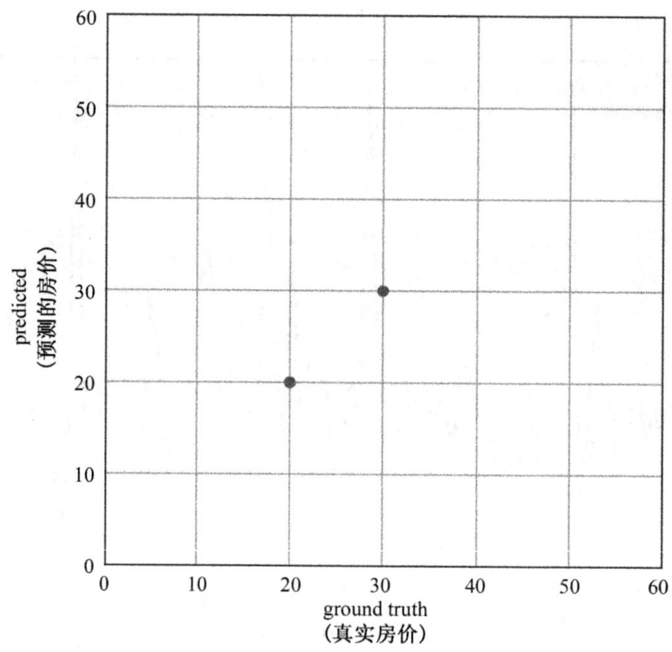

图 3.14　增长率

结果显示如图 3.15 所示。

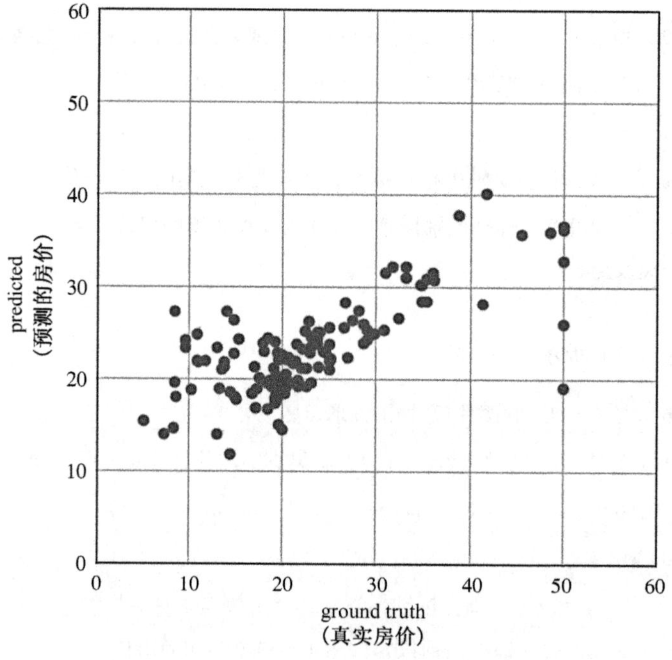

图 3.15　训练后的增长率

3.4 案例2——使用逻辑回归预测癌症分类

3.4.1 提出问题

在医学领域，癌症是一种严重危害人类健康的疾病，其种类繁多，病理机制各异。因此，癌症分类对于患者的治疗选择和预后评估至关重要。随着医疗技术的不断发展，尤其是人工智能和机器学习在医疗领域的应用，癌症分类问题逐渐引起了广泛关注。

在实际应用中，癌症分类主要依赖于病理学检查、免疫组化、基因检测等手段。然而，这些方法往往存在耗时、成本高、主观性强等问题，难以满足大规模筛查和个性化治疗的需求。因此，利用机器学习算法对癌症进行分类，提高分类的准确性和效率，具有重要的现实意义和应用价值。

综上所述，癌症分类问题是医学领域的一个重要课题，也是人工智能和机器学习技术在医疗领域的重要应用场景。通过构建基于机器学习算法的癌症分类模型，可以实现对癌症类型的快速、准确识别，为患者的治疗选择和预后评估提供有力支持。

本案例采用的数据集是乳腺癌的数据集，并利用线性模型中的逻辑回归对乳腺癌进行分类（良性、恶性）。然后，我们将使用PCA（主成分分析）对数据进行降维处理，将数据可视化，并且观察数据处理后是否有利于模型的训练。

3.4.2 解决方案

针对癌症分类问题，我们提出了一种基于机器学习的解决方案。该方案主要利用机器学习算法对大量的医学数据进行分析和处理，以实现对癌症类型的准确分类。

首先，我们需要收集与癌症相关的多源数据，包括临床信息、病理图像、基因测序数据等。这些数据将作为机器学习模型的输入，用于提取癌症的特征和模式。

接下来，我们将选择适合癌症分类任务的机器学习算法，如深度学习、支持向量机、随机森林等。通过对这些算法进行训练和优化，使其能够学习并识别出不同癌症类型的特征。

在训练过程中，我们将利用已有的癌症数据集进行模型的训练和调整，以确保模型能够准确地识别出各种癌症类型。同时，我们还将利用交叉验证等技术来评估模型的性能，确保其在未见过的数据上也能保持良好的分类效果。

一旦模型训练完成，我们就可以将其应用于实际的癌症分类任务中。通过输入新的癌症数据，模型将自动输出相应的癌症类型，为医生提供快速、准确的诊断依据。

此外，我们还将定期对模型进行更新和维护，以适应新的癌症类型和医学知识的更新。通过不断优化和改进模型，我们可以进一步提高癌症分类的准确性和效率，为患者的治疗和预后评估提供更好的支持。

3.4.3 预备知识

对于二分类问题，我们通常使用混淆矩阵（Confusion Matrix）来评估模型的分类结果。混淆矩阵会展示真正例（True Positive, TP）、假正例（False Positive, FP）、真反例（True Negative, TN）和假反例（False Negative, FN）的数量。然后，我们可以根据这些数值计算模型的准确率（Accuracy），即预测正确的结果数量占总样本数量的比例。

下面简单说明如何计算二分类结果中预测正确的数量。

① 获取预测结果和实际标签。首先，你需要有模型对测试集的预测结果（通常是概率或类别标签）以及测试集的实际标签。

② 构建混淆矩阵。使用预测结果和实际标签构建混淆矩阵。混淆矩阵的四个基本元素是：

TP（真正例）：模型预测为正例，实际也是正例的样本数。

FP（假正例）：模型预测为正例，实际是反例的样本数。

FN（假反例）：模型预测为反例，实际是正例的样本数。

TN（真反例）：模型预测为反例，实际也是反例的样本数。

③ 计算准确率。准确率是模型正确分类的样本数与总样本数的比值，计算公式如式（3.5）所示。

$$\text{准确率} = (TP + TN)/(TP + FP + FN + TN) \tag{3.5}$$

准确率越高，说明模型预测正确的比例越大。

④ 其他评估指标：除了准确率，还可以计算精确度（Precision）、召回率（Recall）和 F1 分数等指标来更全面地评估模型的性能。这些指标在处理不平衡类别或需要关注某一类别的错误率时尤为重要。

主成分分析（Principal Component Analysis, PCA）和独立成分分析（Independent Component Analysis, ICA）都是数据处理的重要方法，但它们的基本原理和应用场景存在明显的差异。

PCA 是一种多元统计方法，主要用于数据的降维和特征提取。它通过线性变换将多个变量转换为少数的重要变量，有效地去除数据中的噪声和冗余，揭示隐藏在复杂数据背后的简单结构。PCA 广泛应用于计算机领域，如数据降维、图像有损压缩、特征追踪等。此外，在生物信息学、图像处理、语音处理和数据可视化等领域，PCA 也有着重要的应用。然而，PCA 也有一些缺点，例如对异常值敏感，假设数据符合高斯分布，以及解释性不足等。

而 ICA 的目标是从混合信号中分离出原始的独立信号。在信号处理领域，ICA 可以用于音频信号的分离，从混合的录音中分离出不同的讲话者的声音。在图像处理领域，ICA 可以用于图像的盲源分离，从混合的图像中分离出不同的成分。此外，ICA 还可以应用于脑电图（Electro Encephalo Gram, EEG）信号的分析、金融数据的分析等领域。ICA 对数据的分布没有太多的假设，这使得它在处理非高斯分布的数据时表现更为优秀。

总的来说,PCA 和 ICA 在数据处理和分析中各有优势,应根据具体的应用场景和需求选择合适的方法。

3.4.4 任务1——加载数据并进行数据预处理

本案例将利用线性模型中的逻辑回归对乳腺癌进行分类(良性、恶性)。然后,我们将使用 PCA 对数据进行降维处理,将数据可视化,并且观察数据处理后是否有利于模型的训练。

首先,载入需要用到的库,它们分别是:

numpy:一个 Python 的基本库,用于科学计算;

matplotlib. pyplot:用于生成图,在验证模型准确率和展示成本变化趋势时会使用到;

paddle. fluid:PaddlePaddle 中一种深度学习框架;

pandas:一种基于 numpy 的工具,用于高效处理数据。

导入库代码如下:

```
import numpy as np
import paddle
import paddle.fluid as fluid
import matplotlib.pyplot as plt
import pandas as pd
```

乳腺癌数据集选用威斯康星州乳腺癌数据集(简称 Cancer),里面记录了乳腺肿瘤的临床测量数据。每个肿瘤都被标记为“良性”(Benign,表示无害肿瘤)或“恶性”(Malignant,表示癌性肿瘤),其任务是基于人体组织的测量数据来学习预测肿瘤是否为恶性。UCI Machine Learning Repository 提供了该数据集的原始版本,可以通过以下链接访问和下载:https://archive.ics.uci.edu/dataset/17/breast+cancer+wisconsin+diagnostic。该数据集包含30个数值型特征,这些特征描述了乳腺肿瘤的不同测量值,如肿瘤的半径、纹理、对称性等。数据集包含569个样本,其中良性样本357个,恶性样本212个。数据集的特征是从乳腺肿瘤的细针抽吸(FNA)图像中计算得出的,描述了图像中细胞核的特征。如表3.1所示,其中 ID 表示样本编号,Diagnosis 表示诊断结果(M=恶性,B=良性)。

表3.1 威斯康星州乳腺癌数据集展示

ID	Diagnosis	ID	Diagnosis
1000025	M	1016277	B
1002945	M	1017023	M
1015425	B		

可以用 scikit-learn 模块的 load_breast_cancer 函数来加载数据：

```
from sklearn.datasets import load_breast_cancer
cancer = load_breast_cancer()
#cancer 是一个字典,观察 cancer 中有哪些键
print("cancer.keys(): \n{}".format(cancer.keys()))
#这个数据集共包含 569 个数据点,每个数据点有 30 个特征
print("Shape of cancer data: {}".format(cancer.data.shape))
DATA_DIM = cancer.data.shape[1]
#在 569 个数据点中,212 个被标记为恶性,357 个被标记为良性
print("Sample counts per class: \n{}".format(
    {n: v for n, v in zip(cancer.target_names, np.bincount(cancer.target))}))
#为了得到每个特征的语义说明,我们可以看一下 feature_names 属性
print("Feature names: \n{}".format(cancer.feature_names))
#如果你还想获得更多信息可以打印 cancer 中的 'DESCR' 获取
#print(cancer.DESCR)
```

结果显示：

```
cancer.keys():
['target_names', 'data', 'target', 'DESCR', 'feature_names']
Shape of cancer data: (569, 30)
Sample counts per class:
{'benign': 357, 'malignant': 212}
Feature names:
['mean radius' 'mean texture' 'mean perimeter' 'mean area'
 'mean smoothness' 'mean compactness' 'mean concavity'
 'mean concave points' 'mean symmetry' 'mean fractal dimension'
 'radius error' 'texture error' 'perimeter error' 'area error'
 'smoothness error' 'compactness error' 'concavity error'
 'concave points error' 'symmetry error' 'fractal dimension error'
 'worst radius' 'worst texture' 'worst perimeter' 'worst area'
 'worst smoothness' 'worst compactness' 'worst concavity'
 'worst concave points' 'worst symmetry' 'worst fractal dimension']
```

我们将数据分为训练集和测试集：

```
from sklearn.model_selection import train_test_split
X, y = cancer.data, cancer.target
X_train, X_test, y_train, y_test = train_test_split(X, y, random_state=0)
```

```
print("Shape of X_train: {}".format(X_train.shape))
print("Shape of X_test: {}".format(X_test.shape))
```

结果显示：

```
Shape of X_train: (426, 30)
Shape of X_test: (143, 30)
```

定义 reader：

```
def read_data(data_set,target_set):
    """
```

对于一个 reader：

```
    Args:
        data_set -- 要获取的数据集
        target_set -- 要获取的标签集
    Return:
        reader -- 用于获取训练集及其标签的生成器 generator
    """
    def reader():
        """
        一个 reader
        Args:
        Return:
            (data,label)
        """
        assert len(data_set) == len(target_set)
        for i in range(len(data_set)):
            yield data_set[i],target_set[i]
    return reader
```

获取训练数据集和测试数据集：

```
def train():
    """
    定义一个 reader 来获取训练数据集及其标签
    Args:
    Return:
```

```
        read_data -- 用于获取训练数据集及其标签的 reader
    """
    global X_train, y_train
    return read_data(X_train, y_train)

def test():
    global X_test, y_test
    return read_data(X_test, y_test)
```

测试 reader：

```
test_data = ([1,3],[4,2])
test_label = ([0],[1])
print("test_array for read_data:")
for value in read_data(test_data, test_label)():
    print(value)
```

结果显示：

```
test_array for read_data:
([1, 3], [0])
([4, 2], [1])
```

3.4.5 任务 2——训练和测试医疗数据预测模型

接下来将进入模型的训练过程，使用 PaddlePaddle 来定义并构造可训练的 Logistic 回归模型。关键步骤如下：

（1）定义训练场所

首先进行最基本的初始化操作，在 PaddlePaddle 中使用 place = fluid.CUDAPlace(#) 来进行 GPU 初始化；若不使用 GPU，则设置：use_cuda = False。

```
# 初始化
use_cuda = False
place = fluid.CUDAPlace(0) if use_cuda else fluid.CPUPlace()
```

（2）配置网络结构和设置参数

① 配置网络结构。

我们知道 Logistic 回归模型结构相当于一个只含一个神经元的神经网络，只包含输入数据以及输出层，不存在隐藏层，所以只需配置输入层（input）、输出层（predict）和标签层

(label)即可。

接下来使用 PaddlePaddle 提供的接口开始配置 Logistic 回归模型的简单网络结构,一共需要配置3层。

a. 输入层。

我们可以定义 x = fluid. layers. data(name='x', shape=[DATA_DIM], dtype='float32')来表示生成一个数据输入层,名称为“x”,数据类型为 DATA_DIM 维向量(DATA_DIM 是 X_train 中的第二维,也就是特征个数 30)。

b. 输出层。

我们可以定义 y_predict = fluid. layers. fc(input=x, size=1, act='sigmoid')表示生成一个全连接层,输入数据为 x,神经元个数为 1,激活函数为 Sigmoid()。

c. 标签层。

我们可以定义 y = fluid. layers. data(name='y', shape=[1], dtype='float32')表示生成一个数据层,名称为“y”,数据类型为 1 维向量。

```
# 输入层,fluid. layers. data 表示数据层;name='x':名称为 x,输出类型为 tensor
# shape=[DATA_DIM]:数据为 DATA_DIM 维向量
# dtype='float32':数据类型为 float32
x = fluid. layers. data(name='x', shape=[DATA_DIM], dtype='float32')
# 标签数据,fluid. layers. data 表示数据层;name='y':名称为 y,输出类型为 tensor
# shape=[1]:数据为 1 维向量
y = fluid. layers. data(name='y', shape=[1], dtype='float32')
# 输出层,fluid. layers. fc 表示全连接层;input=x:该层输入数据为 x
# size=1:神经元个数;act=sigmoid:激活函数为 sigmoid 函数
y_predict = fluid. layers. fc(input=x, size=1, act='sigmoid')
```

② 定义损失函数。

在配置网络结构之后,我们需要定义一个损失函数来计算梯度并优化参数。在这里我们可以使用 PaddlePaddle 提供的均方误差损失函数。

定义 cost = fluid. layers. square_error_cost(input=y_predict, label=y),avg_cost = fluid. layers. mean(cost),使用 y_predict 与 y(label)计算成本。

```
# 定义成本函数为均方差损失函数
cost = fluid. layers. square_error_cost(input=y_predict, label=y)     #用预测值和真实值计算均方误差
avg_cost = fluid. layers. mean(cost)
```

③ 封装训练参数。

将设计完成的网络参数写入 sigmoid_regression()函数和 train_program() 函数,便于训

练时调用。

```
def sigmoid_regression():
    x = fluid.layers.data(name='x', shape=[DATA_DIM], dtype='float32')
    y_predict = fluid.layers.fc(input=x, size=1, act='sigmoid')
    return y_predict
def train_program():
    y_predict = sigmoid_regression()
    y = fluid.layers.data(name='y', shape=[1], dtype='float32')
    cost = fluid.layers.square_error_cost(input=y_predict, label=y)
    avg_cost = fluid.layers.mean(cost)
    return [avg_cost, y_predict]
```

④ 优化方法。

损失函数定义确定后,需要确定参数优化方法。为了改善模型的训练速度以及效果,学术界先后提出了很多优化算法,包括 Momentum、RMSProp、Adam 等,已经被封装在 fluid 内部,读者可直接调用。本次可以用 sgd_optimizer = fluid. optimizer. Adam(learning_rate=),使用 Adam 的方法优化,其中 learning_rate 可自己尝试修改。

```
def optimizer_program():
    return fluid.optimizer.Adam(learning_rate=0.001)
```

⑤ 其他配置。

关于参数的解释如下:

feed_order=['x', 'y'] 是数据层名称和数组索引的映射,用于定义数据的读取顺序。

avg_costs=[] 用于记录损失函数的变化过程。

paddle. reader. shuffle(read_data(train_set), buf_size = 400)表示 trainer 从 read_data(train_set)这个 reader 中读取了 buf_size=400 大小的数据并打乱顺序。

paddle. batch(reader(), batch_size = BATCH_SIZE)表示从打乱的数据中再取出。BATCH_SIZE=32 大小的数据进行一次迭代训练。

获取训练数据:

```
# 设置训练 reader
train_reader = paddle.batch(
    paddle.reader.shuffle(
        read_data(X_train, y_train), buf_size=400),
    batch_size=BATCH_SIZE)      #一次取出 BATCH_SIZE 个数据进行一次训练
```

```
#设置测试 reader
test_reader = paddle.batch(
    paddle.reader.shuffle(
        read_data(X_test, y_test), buf_size=200),
    batch_size=BATCH_SIZE)        #一次取出 32 个数据进行测试
```

⑥ 创建训练器。

创建训练器时,需要提供 3 个主要信息:一个配置好的网络拓扑结构、训练的硬件场所、具体的优化方法。

```
trainer = fluid.Trainer(
    train_func= train_program,
    place= place,
    optimizer_func= optimizer_program)
```

(3) 训练模型

上述内容进行了模型初始化、网络结构的配置并创建了训练函数、硬件位置、优化方法,接下来利用上述配置进行模型训练。

利用 train() 即可开始真正的模型训练,我们可以设置参数如下:

a. 成本函数(avg_cost)。

首先,我们调用定义好的 train_program()用于计算 avg_cost。

b. 优化器(optimizer)。

在获取 avg_cost 之后,我们获取优化器 oprimizer。通过 minimize(avg_cost)来将最小化 avg_cost 作为梯度更新标准。

c. 定义执行器(exe)。

根据是否使用 GPU 来定义运算场所为 fluid. CUPA Place 或者 fluid. CPUPlace(),在本实验中 use_cuda 默认为 False,所以选择 fluid. CPUPlace()作为运算场所。

通过 fluid. Executor(place)来设置执行器。

d. 提供数据(feeder)。

定义 feeder 来为接下来的训练提供数据,通过 fluid. DataFeeder(place=place, feed_list=[x, y])来设置 feeder 的目标训练场所(place)以及提供的数据列表(feed_list)。

e. 执行训练(exe. run)。

经过以上步骤的设置,我们定义了网络结构、成本函数、优化器、数据、运算场所和执行器,接下来即可开始模型的训练过程。我们设置 PASS_NUM = 2000 让训练程序循环完成 2000 次迭代训练,在训练过程中间隔输出 avg_cost,通过 fluid. io. save_inference_model()保存模型,用于之后的预测过程(inference)。

```
# 定义训练过程
def train( save_dirname, use_cuda=False, is_local=True):
    # 读取损失函数
    avg_cost, y_predict = train_program()
    # 定义优化器
    optimizer = optimizer_program()
    optimizer. minimize(avg_cost)
    # 提供数据
    feeder = fluid. DataFeeder(place=place, feed_list=['x', 'y'])
    # 初始化执行器
    exe=fluid. Executor(place)
    #框架,所有函数已全部写好
    exe. run(fluid. default_startup_program())
    # 开始训练
    PASS_NUM = 1500      #迭代 1500 次,可调整
    #开始迭代循环
    for pass_id in range(PASS_NUM):
        for batch_id, data in enumerate(train_reader()):
            avg_cost_value = exe. run(fluid. default_main_program(),
                                      feed=feeder. feed(data),
                                      fetch_list=[avg_cost])
            test_metrios = trainer. test(reader=test_reader,feed_order=feed_order)
            if pass_id % 100 == 0 and batch_id == 0:
                #按照一定步长打印损失函数
                avg_costs. append(avg_cost_value[0])
                # 以图像形式打印训练集损失函数
                cost_ploter. append(train_title, pass_id, avg_cost_value[0])
                cost_ploter. plot()
                # 以图像形式打印测试集损失函数
                cost_ploter. append(test_title, pass_id, test_metrios[0])
                cost_ploter. plot()
                if save_dirname is not None:
                    #保存模型
                    fluid. io. save_inference_model(save_dirname, ['x'], [y_predict], exe)
```

结果显示如图 3. 16 所示。

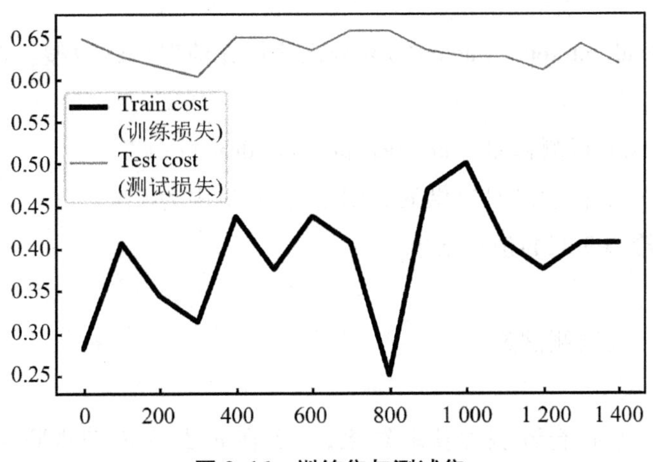

图 3.16 训练集与测试集

训练完成后,开始预测工作。

首先我们定义 calc_accuracy( ) 函数,将结果转化为二分类结果并计算预测正确的结果数量,用以获取训练模型的预测准确度。

注意:这里使用一个 prediction 数组参数用于存储预测结果,方便后续查看。

```
prediction = [ ]
def calc_accuracy(result, label):
    count = 0
    for i in range(len(result)):        #在结果中循环
        if result[i] < 0:
            prediction.append(0)        #append(0)给数组中添加元素 0
            if label[i] == 0:
                count += 1
        elif result[i] >= 0:
            prediction.append(1)
            if label[i] == 1:
                count += 1
    return count / float(len(label))
```

接下来进行模型的预测过程:

a. 定义运算场所(place)和执行器(exe)。

首先,定义预测过程的计算场所和执行器。

b. scope。

定义一个新的 scope(关于 scope 的详细描述请参考 Design of Scope in PaddlePaddle),并使用 fluid.scope_guard( )切换到新的 scope 中。

c. 载入模型。

使用 fluid. io. load_inference_model( )来载入我们先前保存的模型。在载入模型时可获取 3 个变量:

inference_program: 预测程序(inference program desc);

feed_target_names: 在预测时提供的数据名,在本例中为 x,y;

fetch_targets: 希望获取的预测结果。

d. 获取数据。

定义 test_reader 获取测试数据。

e. 执行预测。

通过 exe. run( )来执行预测并获取结果,传入在 c. 载入模型步骤中获取的预测程序 inference_program,设置提供数据 feed 为 x,并设置 fetch_list 来获取测试结果。

f. 计算准确率。

通过刚刚定义的 calc_accuracy( )函数来计算并返回预测准确率、保存预测结果。

注意: 大家可以通过修改 test_reader 中的 TEST_SET 为 TRAINING_SET 来获取训练数据集上的预测准确率,了解模型对训练数据集的拟合程度。

g. 模型检验。

获取测试数据图片样例并与预测结果进行对比,检验模型效果。

```
classes = ['benign','malignant']
def infer(use_cuda=False, save_dirname=None, index=20):
    if save_dirname is None:
        return
    place = fluid.CUDAPlace(0) if use_cuda else fluid.CPUPlace()    #运算场所为 CPU
    exe = fluid.Executor(place)    #执行器在 CPU 中运算
    inference_scope = fluid.core.Scope()    #定义一个新的 scope
    with fluid.scope_guard(inference_scope):    #使用 fluid.scope_guard()迁移至新的 scope 中
        [inference_program, feed_target_names,
        fetch_targets] = fluid.io.load_inference_model(save_dirname, exe)
        #载入模型,包括模型程序,预测时提供的数据名,希望获取的预测结果
        #fluid.io.load_inference_model()为 fluid 载入模型程序
        test_reader = paddle.batch(    #使用 test_reader 获取数据,之前已定义
            read_data(X_test,y_test), batch_size=50
        )
        test_data = test_reader().next()    #test_reader().next()返回迭代器的下一个项目
        test_x = np.array([data[0] for data in test_data]).astype('float32')    #改变数据类型
        test_label = np.array([data[1] for data in test_data]).astype('float32')
```

```
        #assert 断言,其表达式返回布尔值必须为真,若假则触发异常
        assert feed_target_names[0] == 'x'
        results = exe.run(inference_program,
                          feed={feed_target_names[0]: np.array(test_x)},
                          fetch_list=fetch_targets)    #运行模型获取结果
        #调用之前定义的 calc_accuracy()获取准确率
        print("accuracy: {}".format(calc_accuracy(results[0], test_label)))
#          index = 20
#          str.format 用于字符串的格式化,通过:和{}代替%,接受不限个参数,可以不按顺序
        print ("y = " + str(test_label[index]) + ", you predicted that it is a \""
              + classes[prediction[index]].decode("utf-8") + "\" picture.")
infer(False, save_dirname, index=20)
# 改 index 的值可测试不同图片的预测效果
```

结果显示:

```
accuracy: 0.62
y = 0.0, you predicted that it is a "malignant" picture.
```

3.4.6 任务3——进一步改善模型性能

通过训练模型后发现,对于一个二分类问题来说,准确率是相当低的。经过分析,主要是因为该数据集特征数太多了,导致损失函数不能很好地体现损失的意义,且线性模型也显得比较无力,于是考虑使用 PCA 对数据进行处理,达到降低维度的效果。

主成分分析(PCA),如图 3.17 所示,是一种旋转数据集的方法,旋转后的特征在统计上不相关。在做完这种旋转之后,通常根据新特征对解释数据的重要性来选择它的一个子集。

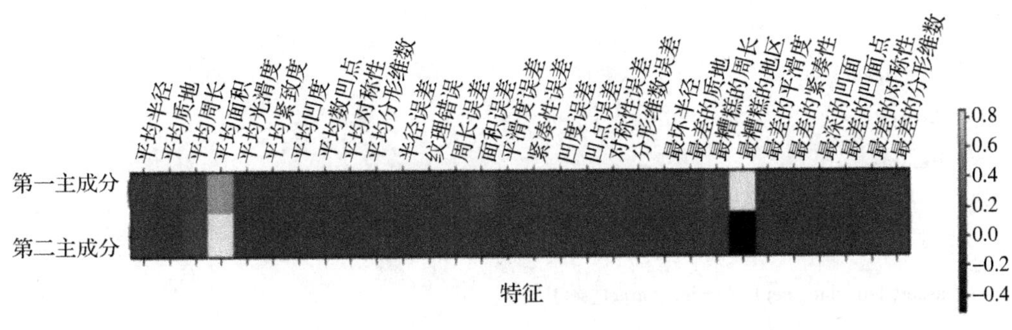

图 3.17 主成分分析

接下来,对数据进行 PCA 处理。因为 exe. run( )相关的问题,不能同时存在两个模型,请在此处点击重启,从下面的模块开始运行。

```
%matplotlib inline
from sklearn. datasets import load_breast_cancer
cancer = load_breast_cancer( )
#cancer 是一个字典,观察 cancer 中有哪些键
print( " cancer. keys( ): \n{}". format( cancer. keys( ) ) )
#这个数据集共包含 569 个数据点,每个数据点有 30 个特征
print( " Shape of cancer data: {}". format( cancer. data. shape) )
DATA_DIM = cancer. data. shape[1]
#在 569 个数据点中,212 个被标记为恶性,357 个被标记为良性
print( " Sample counts per class: \n{}". format(
    {n: v for n, v in zip( cancer. target_names, np. bincount( cancer. target) ) } ) )
#为了得到每个特征的语义说明,可以看一下 feature_names 属性
print( " Feature names: \n{}". format( cancer. feature_names) )
#如果还想获得更多信息,可以打印 cancer 中的 'DESCR' 获取
#print( cancer. DESCR)
def read_data( data_set,target_set) :
    """
    一个 reader
    Args:
        data_set -- 要获取的数据集
        target_set -- 要获取的标签集
    Return:
        reader -- 用于获取训练集及其标签的生成器 generator
    """
    def reader( ):
        """
        一个 reader
        Args:
        Return:
            (data,label)
        """
        assert len( data_set) = = len( target_set)
        for i in range( len( data_set) ):
            yield data_set[i],target_set[i]
```

```
    return reader
from sklearn.decomposition import PCA
from paddle.v2.plot import Ploter
X = cancer.data
# 保留数据的前两个主成分
pca = PCA(n_components=2)
# 对乳腺癌数据拟合 PCA 模型
pca.fit(X)
# 将数据变换到前两个主成分的方向上
X_pca = pca.transform(X)
print("Original shape: {}".format(str(X.shape)))
print("Reduced shape: {}".format(str(X_pca.shape)))
DATA_PCA_DIM = 2
#用热图将这两个主成分展示出来
```

结果显示：

```
Original shape: (569, 30)
Reduced shape: (569, 2)
Text(0,0.5,'Principal components')
```

模型重构：

```
y_target = cancer.target
X_pca_train, X_pca_test, y_pca_train, y_pca_test = train_test_split(X_pca, y_target, random_state=0)
# 初始化
use_cuda = False
place = fluid.CUDAPlace(0) if use_cuda else fluid.CPUPlace()
# 输入层,fluid.layers.data 表示数据层;name='x_pca': 名称为 x,输出类型为 tensor
# shape=[DATA_PCA_DIM]: 数据为 DATA_PCA_DIM 维向量
# dtype='float32': 数据类型为 float32
x_pca = fluid.layers.data(name='x_pca', shape=[DATA_PCA_DIM], dtype='float32')
# 标签数据,fluid.layers.data 表示数据层;name='y_pca': 名称为 y,输出类型为 tensor
# shape=[1]: 数据为 1 维向量
y_pca = fluid.layers.data(name='y_pca', shape=[1], dtype='float32')
# 输出层,fluid.layers.fc 表示全连接层;input=x_pca: 该层输入数据为 x
# size=1: 神经元个数;act=sigmoid: 激活函数为 sigmoid 函数
y_pca_predict = fluid.layers.fc(input=x_pca, size=1, act='sigmoid')
```

```
# 定义成本函数为均方差损失函数
#将其用预测值和真实值计算均方误差
cost_pca = fluid.layers.square_error_cost(input=y_pca_predict, label=y_pca)
save_dirname_pca="cancer_pca_inference.model"    #定义模型保存路径
train_pca(save_dirname_pca)    #开始训练模型
```

结果显示如图 3.18 所示。

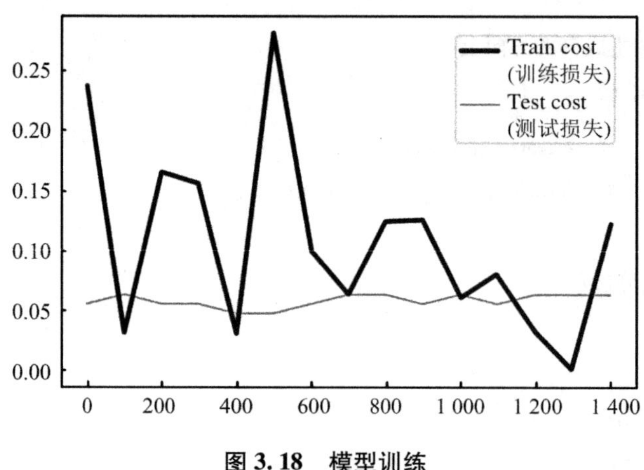

图 3.18　模型训练

```
def infer_pca(use_cuda=False, save_dirname=None, index=20):
    if save_dirname is None:
        return
    place = fluid.CUDAPlace(0) if use_cuda else fluid.CPUPlace()    #运算场所为 CPU
    exe = fluid.Executor(place)    #执行器在 CPU 中运算
    inference_pca_scope = fluid.core.Scope()    #定义一个新的 scope
    with fluid.scope_guard(inference_pca_scope):    #使用 fluid.scope_guard()迁移至新的 scope 中
        [inference_program, feed_target_names,
        fetch_targets] = fluid.io.load_inference_model(save_dirname, exe)
        #载入模型,包括模型程序,预测时提供的数据名,希望获取的预测结果
        #fluid.io.load_inference_model()为 fluid 载入模型程序
        test_reader = paddle.batch(    #使用 test_reader 获取数据,之前已定义
            read_data(X_pca_test,y_pca_test), batch_size=50
        )
        test_data = test_reader().next()    #test_reader().next()返回迭代器的下一个项目
        test_x = np.array([data[0] for data in test_data]).astype('float32')    #改变数据类型
        test_label = np.array([data[1] for data in test_data]).astype('float32')
```

```
        #assert 断言,其表达式返回布尔值必须为真,若假则触发异常
        assert feed_target_names[0] == 'x_pca'
        results = exe.run(inference_program,
                          feed={feed_target_names[0]: np.array(test_x)},
                          fetch_list=fetch_targets)      #运行模型获取结果
        #调用之前定义的 calc_accuracy()获取准确率
        print("accuracy: {}".format(calc_accuracy(results[0], test_label)))
#         index = 20
#         str.format 用于字符串的格式化,通过: 和{}代替%,接受不限个参数,可以不按顺序
        print ("y = " + str(test_label[index]) + ", you predicted that it is a \""
               + classes[prediction[index]].decode("utf-8") +  "\" picture.")
        infer_pca(False, save_dirname_pca, index=20)
```

结果显示:

```
accuracy: 0.9
y = 0.0, you predicted that it is a "malignant" picture.
```

本章小结

回归分析是统计学和机器学习领域中的一种重要方法,用于研究变量之间的关系,特别是当一个变量(因变量)受一个或多个变量(自变量)影响时的情况。本章深入探讨了回归分析的基本概念、原理、方法及应用。

首先,本章介绍了回归分析的基本概念,包括因变量和自变量的定义、回归模型的构建以及回归系数的解释。通过理解这些基础概念,我们能够明确回归分析的目标和意义,为后续的学习和实践打下基础。

接着,本章详细阐述了回归分析的原理和方法。线性回归是最基本的回归分析方法,它通过建立因变量与自变量之间的线性关系来预测因变量的值。除了线性回归,本章还介绍了其他类型的回归方法,如多项式回归、岭回归和逻辑回归等。这些方法各有特点,适用于不同的数据和分析需求。

在实践应用方面,本章进行了两个案例研究,包括数据收集与预处理、模型构建与选择、参数估计与检验以及模型评估与优化等步骤。通过掌握这些步骤和技巧,读者能够有效地应用回归分析方法解决实际问题。

此外,本章还关注了回归分析的局限性和注意事项,如回归模型的假设检验、多重共线

性问题、异常值处理等。这些问题可能会影响模型的准确性和可靠性，因此在进行回归分析时需要特别注意。

综上所述，回归分析章节涵盖了回归分析的基本概念、原理、方法及应用。通过学习和实践这些内容，读者能够更好地理解和应用回归分析方法，为数据分析和决策提供有力支持。在未来的学习和工作中，读者可以继续深入探索回归分析的更多应用和发展趋势，以适应不断变化的数据分析需求。

课后习题

一、选择题

1. 线性回归模型要解决的问题是(　　)。

A. 找到自变量与因变量之间的函数关系　　B. 模拟样本数据曲线

C. 找到数据与时间的变化关系　　D. 尽量用一条直线去拟合样本数据

2. 梯度下降法的目标是(　　)。

A. 尽快完成模型训练　　B. 寻找损失函数的最小值

C. 提高算法效率　　D. 提高模型性能

3. 线性回归模型中，自变量和因变量之间的关系是(　　)。

A. 线性关系　　B. 非线性关系　　C. 任意关系　　D. 无法确定

4. 在进行线性回归时，以下假设通常需要考虑的是(　　)。

A. 自变量和因变量之间必须存在严格的线性关系

B. 误差项必须是独立同分布的

C. 自变量之间不能存在相关性

D. 因变量必须是连续的

5. 逻辑回归主要用于解决(　　)问题。

A. 回归　　B. 分类　　C. 聚类　　D. 降维

6. 在逻辑回归中，下列函数中用于将线性组合的输出转换为概率的是(　　)。

A. 线性函数　　B. Sigmoid 函数　　C. 逻辑函数　　D. 正态分布函数

二、简答题

1. 为什么要进行模型的训练、测试和评估？请讨论并阐述你的理由。

2. 请简述线性回归的基本假设。

3. 线性回归模型在预测时有哪些局限性？

4. 请简述逻辑回归的基本思想。

5. 逻辑回归与线性回归的主要区别是什么？

第4章

分门别类

分类器是一种算法或模型,用于将输入数据分为不同的类别或标签。它是监督学习的一部分,通过已知的数据集中的特征和标签进行训练,并利用这些学习到的知识对新的未标记数据进行分类。分类器的作用是将目标对象指定给多个类别中的一个,这需要了解目标内不同类别之间的共同特征和独特特征。分类器可以是线性的,如线性分类器,也可以是非线性的,如基于神经网络的分类器。本章比较系统地介绍决策树、贝叶斯分类器、k-近邻分类器、支持向量机和神经网络分类器,并使用神经网络与贝叶斯分类器实现两个分类案例。

学习目标

知识目标:

1. 理解分类器的基本概念,掌握分类器模型的工作流程。
2. 了解机器学习常见的分类器模型,掌握决策树、贝叶斯分类器、k-近邻分类器、支持向量机和神经网络分类器的工作原理。
3. 深入了解贝叶斯分类器与神经网络分类器,掌握其应用场景。

能力目标:

1. 能够描述分类器的基本原理及工作流程。
2. 能够自行构建分类器模型,能够训练和预测分类器模型。
3. 能够将分类器模型应用到具体工作场景中,能够进行数据分析以及可视化。

素质目标:

1. 培养辩证思维和解决问题的能力,能够独立思考、勇于创新,不断寻求新的方法解决问题。
2. 培养团队合作和终身学习意识。
3. 培养分析问题能力,树立安全意识,认识分类模型对社会发展的影响。

4.1 分类器概述

机器学习作为人工智能的一个重要研究分支,随着人工智能的发展而发展。分类器作为机器学习的重要组成部分,最近也成为常用的分类算法。分类器根据已有的数据进行学习,建立模型并进行测试,以此获得人们所需要的结果。根据分类对象目的的不同,分类问题也分为二分类和多分类问题。但无论是二分类还是多分类,两者的工作原理是一致的。接下来将详细介绍分类器的工作过程。

1. 数据划分

分类器想要进行工作就必须有数据的支撑。在分类器建模之前,需要将所处理的数据按比例划分成训练集与测试集,有的时候可能会把数据划分成训练集、验证集与测试集。

2. 选择模型

机器学习中包含多个分类器,不同的分类器所处理的场景也是不同的,实现的结果也存在差异。例如,对于数值型数据,大多数人选择使用线性分类进行处理;对于图像数据,多数人会使用神经网络进行分类操作。由此可知,选择良好的分类器是进行分类的关键。

3. 模型训练

训练数据是分类器学习的过程。这一阶段需要使用第一阶段已经划分好的训练集让分类器进行学习。分类器通过学习提取数据特征,这些特征可以是数值、文本或图像。通过学习,了解到训练数据中包含的特征与标签关系,从而建立分类模型。

4. 模型预测

模型预测阶段将是使用上一阶段建立好的分类模型来对未知数据进行分类的过程。这一阶段使用第一阶段划分好的测试集,将测试集作为新的数据输入分类模型中,让分类模型进行预测并生成分类结果。

5. 模型评估

为了验证分类器工作效率,需要设计必要的评估指标来评估上一阶段生成的分类结果的性能。分类模型性能的优劣主要取决于其泛化性能,而模型的泛化性能又主要由泛化误差来评估。评估的指标主要有准确率、召回率、F 值等。

4.2 几种主要分类器

机器学习中包含多个分类器,下面主要介绍一些代表性的分类算法,包括决策树、贝叶斯分类器、k-近邻分类器、支持向量机和神经网络分类器。

4.2.1 决策树

决策树是一种常见的机器学习模型,既可用于分类,又可用于回归,是基于树结构的一种机器学习模型。它的主要思想是模拟人类进行选择或决策的过程。决策树按照属性的某个优先级依次对数据的全部属性进行判别,从而得到输入数据所对应的预测输出。决策树模型将人类的思维过程抽象为对一系列数据进行判断或决策的过程,使用树结构来表示数据逻辑关系，通过叶节点表示判别结果。例如，小王考虑下班后要做什么，可用图4.1决策树模型来表示决策过程。

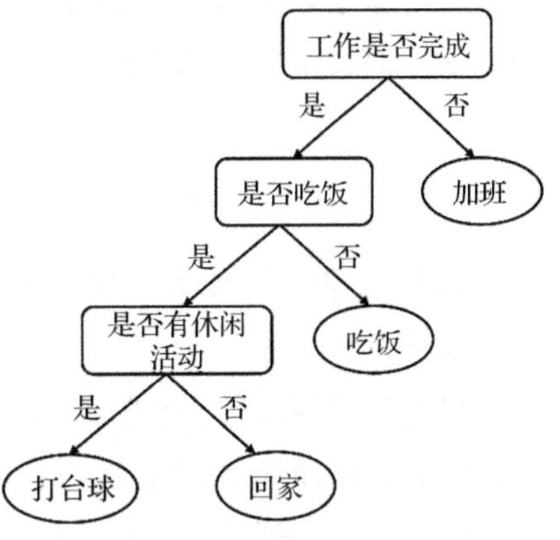

图4.1 下班安排决策树模型

如图4.1所示，决策树是一种树模型，包括一个根节点、若干中间节点与叶节点。其中，叶节点表示决策结果，中间节点是对一种属性的判断。决策树每一个节点都可以看成 if-then 规则判别，因此可以将决策树看作一种规则模型，每一条预测结果可看作一种规则。然而，不同决策策略会产生不同预测结果，因此构造决策树的关键在于属性的选择，不同的属性会导致不同的分支结果的产生。

综上所述，构造决策树的基本思路为：首先，按照树模型来说，每个节点代表一个特征属性。那么，构造决策树的第一步是进行特征选择，对原数据按照某种分类规则选择出具有代表性的一些特征来构成决策树节点；其次，对每一节点设置阈值，决策树进行决策选择时需要给定一定规则来进行左右划分。由于算法并不能像人类一样进行思考，因此需要对其分配一个阈值，将每一个测试集的数据根据某一判别标准计算并与阈值进行对比。若某一特征计算结果大于或等于该阈值，则会将其分配到应该位于的子树位置。一直重复以上过程，直到满足终止条件为止。

如前所述，决策树需要使用一种判别标准来进行属性选择。对于决策树而言，可以使用信息论中熵概念来对数据进行分析。熵是信息论中描述可能事件的不确定性的指标，熵值越大，表明数据的无序程度越高。现在假设 η 是具有 n 个可能取值 $\{s_1, s_2, \cdots, s_n\}$ 的随机变量，概率分布为 $P(\eta = s_i) = p_i$，则信息熵的定义为公式(4.1)：

$$H(\eta) = -\sum_{i=1}^{n} p_i \log_2 p_i \tag{4.1}$$

显然，$H(\eta)$ 越大，随机变量 η 不确定性越大。

对于给定的任意训练样本集合 D，可根据熵的定义来定义一个指标 $H(D)$，进而度量 D 中样本纯度。在决策树中，经常使用 $H(D)$ 表示经验熵。$H(D)$ 值越大，表明样本 D 包含的样本标签取值越乱；反之，表示取值越纯净。$H(D)$ 的具体计算公式如公式(4.2)所示：

$$H(D) = -\sum_{k=1}^{n} \frac{|C_k|}{|D|} \log_2 \frac{|C_k|}{|D|} \tag{4.2}$$

其中，n 代表样本标签种类个数，$|D|$ 代表样本总数，k 为第 k 个样本标签值，$|C_k|$ 表示 k 这个标签所包含的样本个数。

对于训练样本 D 中任意属性 T，将在 $H(D)$ 的基础上进一步设置一个量化指标

$H(D|T)$，来表示集合 D 中的样本在属性 T 为标准的划分后的纯度。通常称 $H(D|T)$ 为集合 D 关于属性 T 的经验条件熵。$H(D|T)$ 的具体计算公式如公式(4.3)所示：

$$H(D|T) = \sum_{i=1}^{m} \frac{|D_i|}{|D|} H(D_i) \tag{4.3}$$

其中，m 表示特征 T 可能取值的数量，$|D_i|$ 表示在集合 D 中以特征 T 为标准划分可能生成的子集数。

根据公式(4.2)与公式(4.3)，可进一步计算每个属性作为划分依据相对数据集合中的经验熵的变化，即信息增益。信息增益表示属性对于分类结果的贡献程度。在特征选择和决策树算法中，信息增益被广泛应用于选择最优的特征，以提高分类模型的性能。它的计算公式如公式(4.4)所示：

$$G(D,\ T) = H(D) - H(D|T) \tag{4.4}$$

根据公式(4.4)，$G(D,\ T)$ 值越大，表示使用属性 T 划分后的样本纯度越高，表明决策树模型具有更强的分类能力。因此，可使用 $G(D,\ T)$ 作为决策树选择的判别标准。

另外，对于决策树模型，还可以使用基尼系数(Gini Index)作为划分标准选择最优属性。与信息熵的概念类似，基尼系数可用来度量数据集的纯度。给定任意一个 n 分类问题，假设样本标签属于第 k 类的概率为 p_k，则关于概率 p 的基尼系数可定义为公式(4.5)：

$$Gini(p) = 1 - \sum_{k=1}^{n} p_k^2 \tag{4.5}$$

相应地，给定任意训练样本集合 D，可将基尼系数定义为公式(4.6)：

$$Gini(D) = 1 - \sum_{k=1}^{n} \left(\frac{|C_k|}{|D|} \right)^2 \tag{4.6}$$

训练样本集合 D 的基尼系数表示在 D 中随机选中一个样本被分错的概率。显然，$Gini(D)$ 值越小，说明样本被分错的概率越低，数据 D 中样本的纯度越高。

基于上述判别标准，决策树有 3 种经典的生成算法，分别为 ID3 算法、C4.5 算法和 CART 算法。接下来就简单介绍一下这 3 种算法。

1. ID3 算法

ID3 算法是一种基于信息增益的算法。它以信息增益最大的属性为分类特征，基于贪心策略自顶向下地搜索遍历决策树空间，通过递归方式构建决策树。但这个算法有时选择的划分属性对于整个项目是没有太大作用的，并且它也存在不能处理连续值和缺失值的问题。因此，为了解决以上问题，学者又提出了 C4.5 算法。

2. C4.5 算法

C4.5 算法以信息增益率最大的属性作为当前节点的划分属性。信息增益率即将信息增益进行归一化，这可以消除一定的数据爆炸问题。在使用 C4.5 算法时，信息增益率最大的属性作为节点被划分。但随着递归计算，被划分的属性信息增益率会变得越来越小，到计算后期将会选择相对较大的信息增益率属性进行划分。此外，C4.5 算法还在过拟合方面有了一定的优化，为了避免过拟合，C4.5 算法引入剪枝策略。

剪枝，即从决策树上裁剪掉一些子树或者叶子节点，并将其根节点或父节点作为新的叶节点，从而简化分类树模型。决策树剪枝策略有预剪枝和后剪枝两种。预剪枝是在决策树生成过程中，对每个子集在划分前先进行估计，若当前节点的划分不能带来泛化性能的提升，则停止划分并将当前节点标记为叶节点。后剪枝则是先从训练样本集生成一棵完整决策树，然后自底向上或自上而下考察分支节点，若将该节点对应子树替换为叶节点能提升模型泛化性能，则进行替换。后剪枝可以保证剪枝操作不会降低决策树模型的泛化性能，因此 C4.5 算法基本选择后剪枝策略。

3. CART 算法

CART 算法是一种基于基尼系数的决策树算法，它不像 ID3 算法和 C4.5 算法只能作为分类算法，CART 算法既可以做分类器，又可以做回归分析。它构造的决策树必是一棵二叉树，因此，对于特征为多于两个取值的需要进行二元划分。例如，对于婚姻特征的三个取值{已婚，未婚，离异}，婚姻状况可以得到三对不同取值形式，即：婚姻=已婚，婚姻≠已婚；婚姻=未婚，婚姻≠未婚；婚姻=离异，婚姻≠离异。之后按照划分分别计算其对应的基尼系数。

4.2.2 朴素贝叶斯分类器

贝叶斯分类（Naive Bayes Classifier）是一种基于贝叶斯定理的统计学习方法，它通过计算给定实例属于某一特定类的概率来进行构造分类模型，通常将这种分类模型称为贝叶斯分类模型。常见的贝叶斯模型有贝叶斯分类器、朴素贝叶斯分类器、高斯朴素贝叶斯等，这些模型在原理上是类似的，不同之处在于对随机变量条件独立性假设的设定不同。本小节主要介绍贝叶斯分类器、朴素贝叶斯分类器。

在讲解朴素贝叶斯分类器之前，需先来了解贝叶斯分类模型的原理，那就不得不回顾一下概率论中所学习的经典条件概率公式，如公式（4.7）所示：

$$P(A|B)=\frac{P(B|A)\ P(A)}{P(B)} \tag{4.7}$$

其中，$P(A)$是事件 A 的先验概率，$P(B)$是事件 B 的先验概率。$P(A|B)$表示在已知事件 B 发生的情况下事件 A 发生的概率，也称事件 A 的后验概率；$P(B|A)$表示已知在事件 A 发生的情况下事件 B 发生的概率，也称事件 B 的后验概率。

假设在公式（4.7）中，事件 A 表示机器学习任务中样本的取值状态为 X，事件 B 表示机器学习模型参数 θ 的取值为 θ_i，则公式（4.7）可进一步转换为公式（4.8）：

$$P(\theta_i \mid X) = \frac{P(X \mid \theta_i)\ P(\theta_i)}{P(X)} \tag{4.8}$$

其中，$X = \{x_1, x_2, \cdots, x_t\}$，$P(\theta_i \mid X)$ 表示在样本取值状态为 X 的情况下，模型参数取值为 θ_i 的条件概率。

另外，假设模型参数的各种取值情况都是独立的，则可根据全概率公式得到 $P(X)$ 为公式(4.9)：

$$P(X) = \sum_k P(X \mid \theta_k)\ P(\theta_k) \tag{4.9}$$

将公式(4.9)代入公式(4.8)可得公式(4.10)：

$$P(\theta_i \mid X) = \frac{P(X \mid \theta_i)\ P(\theta_i)}{\sum_k P(X \mid \theta_k)\ P(\theta_k)} \tag{4.10}$$

通常情况下，$P(\theta_i)$ 可由人们主观思维确定其取值，因此 $P(\theta_i)$ 可称为先验概率，如公式(4.11)所示。假设：

$$P(X, \theta_i) = \frac{P(X \mid \theta_i)}{\sum_k P(X \mid \theta_k)\ P(\theta_k)} \tag{4.11}$$

则 $P(\theta_i \mid X) = P(\theta_i)\ P(X, \theta_i)$ 。已知 θ_i 已被给定，则 $P(X,\theta_i)$ 只需考虑取值状态 X 即可，另外 $P(\theta_i)$ 是一种作为已知的先验概率，因此贝叶斯公式的本质就是通过样本取值状态 X 修正先验概率 $P(\theta_i)$ 从而得到后验概率 $P(\theta_i \mid X)$ 。

使用贝叶斯方法进行分类预测本质上就是进行最大后验估计，换句话说就是处理样本某一属性时，分类结果是否与已标记好的标签一致。但是，每一种模型处理问题时由于没有主观意识结果都不能保证百分之百准确，因此结果都不可避免地会出现误差。为了提高贝叶斯分类正确率，就需要考虑减少分类误差产生的损失。假设样本集合 X 有 n 种不同类型的标签，则标签样本 $Y = \{y_1, y_2, \cdots, y_n\}$，这里使用 λ_{ij} 作为损失函数来判断损失误差，λ_{ij} 表示将标记为 y_i 的样本分类成 y_j 所产生的损失。对于 λ_{ij}，可表示为公式(4.12)：

$$\lambda_{ij} = \begin{cases} 0, & i = j; \\ 1, & \text{其他} \end{cases} \tag{4.12}$$

对于训练样本 X 被错分所产生的期望损失，即样本 X 的条件风险可表示为公式(4.13)：

$$R(y_i \mid X) = \sum_{j=1}^{n} \lambda_{ij} P(y_i \mid X) \tag{4.13}$$

由于贝叶斯分类器实质上是将训练样本集上的条件风险最小化，因此只需要构造贝叶斯分类器，分别最小化每个类别的训练样本的条件风险 $R(y_i \mid X)$ 。如此，构造最优化的贝

叶斯分类模型 $h^*(X)$ 的公式为公式(4.14)：

$$h^*(X)=\underset{y\in Y}{\operatorname{argmin}}R(y_i \mid X) \tag{4.14}$$

由上可知，贝叶斯做分类任务时的工作流程为：首先计算各种情况下的误差损失函数 λ_{ij}，然后计算每一个训练样本 X 被划分为不同类别产生的误差概率，即条件风险，最后最小化训练样本条件风险从而构造出最优贝叶斯分类器。

在上述构造贝叶斯模型时存在一个问题，那就是训练样本不足而导致后验概率估计不合理的问题。训练样本不足的主要原因是训练样本数量要小于原样本数量，导致并不能完全分析出所有数据的样本频率来估计后验概率。因此，为了解决训练样本有限的问题，朴素贝叶斯分类器引入了条件独立性假设。它的意思是对已知的标签，假设所有的属性是独立的，也就是说每个样本存在的属性之间都是相对独立的，不存在任何依赖性。例如，若要通过作业、天气和聚会三方面属性构造分类器来分析一名学生是否出去运动，则可在作业、天气和聚会三方面属性相对独立的假设条件下，构造朴素贝叶斯分类器。根据条件独立性假设，可将贝叶斯公式改写成公式(4.15)：

$$P(y_i \mid X)=\frac{P(y_i)}{P(X)}\prod_{i=1}^{t}P(x_i \mid y_i) \tag{4.15}$$

其中，t 为属性个数，x_i 表示 X 第 i 个属性。进而，对于给定训练样本 X，每个属性的取值概率 $P(x_i)$ 均是相同的。因此，得到朴素贝叶斯分类器条件风险公式，如公式(4.16)所示：

$$R(y_i \mid X)=\sum_{j=1}^{n}\lambda_{ij}P(y_i)\prod_{i=1}^{t}P(x_i \mid y_i) \tag{4.16}$$

通过最小化每个训练样本的条件风险来构造最优朴素贝叶斯分类器的公式，如公式(4.17)所示：

$$h_{nB}^*(X)=\underset{y\in Y}{\operatorname{argmin}}R(y_i \mid X) \tag{4.17}$$

4.2.3 *k*-近邻分类器

k-近邻(*k*-Nearest Neighbor，KNN)分类器，是一种基本的机器学习算法，主要用于分类问题。它的核心思想是，如果一个样本的 k 个最近邻(即在特征空间中最邻近的样本)中大多数属于某一个类别，那么这个样本也属于这个类别。分类过程通过测量不同特征值之间的距离来进行。KNN 算法的思想非常简单：对于任意 n 维输入向量，分别对应于特征空间中的一个点，输出为该特征向量所对应的类别标签或预测值。*k*-近邻算法的研究包含三方面：k 值的选择、距离的度量和如何快速地进行 k 个近邻的检索。

KNN 算法是一种非常特殊的机器学习算法，因为它没有一般意义上的学习过程。它的工作原理是利用训练数据对特征向量空间进行划分，并将划分结果作为最终算法模型。存在一个样本数据集合，也称作训练样本集，并且样本集中的每个数据都存在标签，即知道样本集中每一个数据与所属分类的对应关系。输入没有标签的数据后，将这个没有标签的数据的每个特征与样本集中的数据对应的特征进行比较，然后提取样本中特征最相近的数据（最近邻）的分类标签。

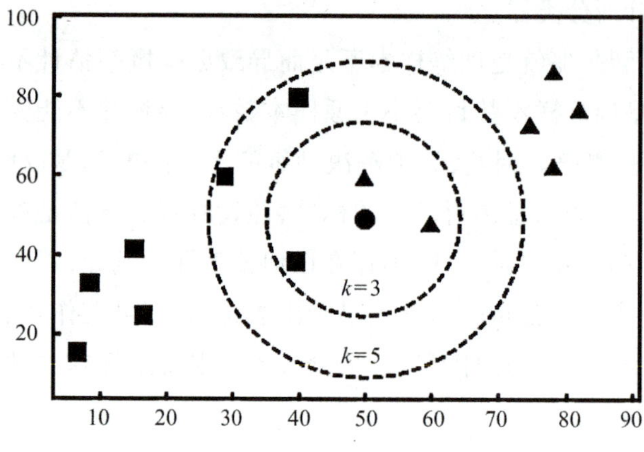

图 4.2　k=3 与 k=5 时 KNN 分类结果

一般而言，只选择样本数据集中前 k 个最相似的数据，这就是 KNN 算法中 k 的由来，通常 k 是不大于 20 的整数。最后，选择 k 个最相似数据中出现次数最多的类别，作为新数据的分类。图 4.2 展示了 $k=3$ 和 $k=5$ 时不同的分类结果。

由上可知，k-近邻算法并不像之前的决策树模型和贝叶斯模型需要进行判断决策，它更像是一种“懒惰工作者”。在进行分类工作任务时，它只需要在训练样本中找到与预测样本相近的 k 个样本，然后再通过某一计算规则选择出这 k 个样本中出现次数最多的类当作预测样本的预测结果。使用 KNN 算法进行分类工作时，它内部主要是求样本与样本之间的距离，将距离较近的样本归为一类。在进行距离度量时，不同的应用场景使用的距离度量方式不一致。对于 KNN 来说，它经常使用曼哈顿距离、欧氏距离和切比雪夫距离作为它的度量函数，具体计算公式如公式(4.18)所示：

$$d_{12} = p\sqrt{\sum_{i=1}^{k} |x_{1k} - x_{2k}|^{p}} \tag{4.18}$$

其中，x_{1k}、x_{2k} 表示两个样本，k 代表预先设置好的取值，d 代表两个样本之间的距离。另外，p 取值不同，距离度量代表含义也不同。当 $p=1$ 时，它是曼哈顿距离；当 $p=2$ 时，它是欧氏距离；当 p 不取值的时候，它是切比雪夫距离。

4.2.4　支持向量机

支持向量机（Support Vector Machine，SVM）最初由研究者 Vladimir N. Vapnik 和 Alexey Ya. Chervonenkis 提出。它是机器学习算法中比较具有代表性的分类算法。SVM 是一种传统的分类算法模型，具有较高的分类性能。在深度学习模型出现之前，它是最为成功的分类算法。SVM 出现最初常用作小样本统计学习模型，它有坚实的数学理论基础，对于小样本线性可分问题，一般都可得到比较优秀的分类模型。SVM 中存在一个超平面，其目的是计算每一个点到超平面的距离，这里的点就指的是特征集合中的特征，选择出距离最近的那个点。图4.3展示了SVM的基本分类样式。

将SVM应用到特征选择方面,其主要作用是提高特征选择分类的效率。SVM学习算法包含线性分类和非线性分类两种,其中线性分类主要应用于二分类问题,非线性分类应用于多分类问题。下面对这两种原理分别进行介绍。

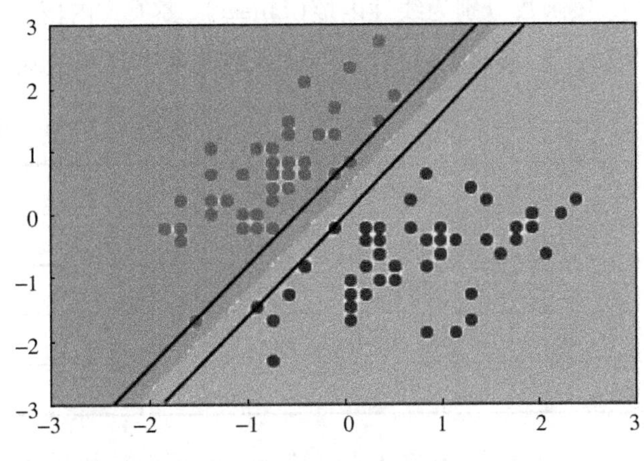

图4.3 SVM二分类示例

对于线性SVM算法,其主要应用于二分类问题中,原理如下:

输入:训练数据集 $T=\{(x_1, y_1), (x_2, y_2), \cdots, (x_N, y_N)\}$,其中,$x_i \in \mathbf{R}^n$, $y_i \in \{+1, -1\}$,$i=1, 2, \cdots, N$。输出:SVM超平面和分类决策函数。

假设设置惩罚系数 $C>0$,构造并求解SVM中所包含的凸二次规划问题,计算公式如式(4.19)~式(4.23)。

$$\min_{\alpha} \frac{1}{2}\sum_{i=1}^{N}\sum_{j=1}^{N}\alpha_i\alpha_j y_i y_j(x_i \cdot x_j) - \sum_{i=1}^{N}\alpha_i \tag{4.19}$$

另外,$\sum_{i=1}^{N}\alpha_i y_i = 0$, $0 \leqslant \alpha_i \leqslant C$, $i=1, 2, \cdots, N$, 通过以上公式得到 $\boldsymbol{\alpha}^*$ 的最优解为 $\boldsymbol{\alpha}^* = (\alpha_1^*, \alpha_2^*, \cdots, \alpha_N^*)^{\mathrm{T}}$。之后计算权重 w^*:

$$w^* = \sum_{i=1}^{N}\alpha_i^* y_i x_i \tag{4.20}$$

接下来选择 $\boldsymbol{\alpha}^*$ 中包含的一个内部分量 α_i^* 并且设置满足条件 $0 < \alpha_i^* < C$, 进而计算误差值 b^*:

$$b^* = y_i - \sum_{i=1}^{N}\alpha_i^* y_i(x_i \cdot x_j) \tag{4.21}$$

最后求取SVM超平面:

$$w^* \cdot x + b^* = 0 \tag{4.22}$$

且设置分类决策函数:

$$f(x) = \mathrm{sign}(w^* \cdot x + b^*) \tag{4.23}$$

以上是线性SVM的工作原理,接下来介绍非线性SVM。对于非线性SVM来说,其处理的环境主要为多分类问题。在处理多分类问题时,SVM内部提供多个核函数处理非线性问题，核函数分别为线性内核（Linear）、多项式内核（Poly）、径向基内核（Radial Basis Function，RBF）和 Sigmoid 内核，四种核函数的基本计算公式如表 4.1 所示。

表 4.1　SVM 核函数

核函数	公式
Linear	$K(\boldsymbol{x},\ \boldsymbol{y}) = \boldsymbol{x}^{\mathrm{T}}\boldsymbol{y} = \boldsymbol{x} \cdot \boldsymbol{y}$
Poly	$K(\boldsymbol{x},\ \boldsymbol{y}) = (\gamma \cdot \boldsymbol{x}^{\mathrm{T}} \cdot \boldsymbol{y} + r)^{d}$
Sigmoid	$K(\boldsymbol{x},\ \boldsymbol{y}) = \tanh(\gamma \cdot \boldsymbol{x}^{\mathrm{T}} \cdot \boldsymbol{y} + r)$
RBF	$K(\boldsymbol{x},\ \boldsymbol{y}) = \mathrm{e}^{-\gamma\|\|x-y\|\|^{2}},\ \gamma > 0$

表 4.1 中，γ 在 Poly 和 Sigmoid 两个核函数中表示为斜率，在 RBF 中代表核函数内部维度，常数 r 代表超平面的光滑性和控制分类，d 代表多项式数。对于非线性处理问题来说，四种核函数都有不同的作用和不同的处理情况。在这里，我们主要使用 RBF 内核来介绍非线性 SVM 的主要原理。

输入：训练数据集 $T=\{(x_1,\ y_1),\ (x_2,\ y_2),\ \cdots,\ (x_N,\ y_N)\}$，其中，$x_i \in \mathbf{R}^n$，$y_i \in \{+1,\ -1\}$，$i=1,\ 2,\ \cdots,\ N$。输出：SVM 超平面和分类决策函数。

对于非线性 SVM，也是假设设置适当的核函数 $K(x,\ z)$ 和惩罚系数 $C>0$，构造并求解 SVM 中所包含的凸二次规划问题，计算公式如式(4.24)~式(4.27)。

$$\min_{\alpha} \frac{1}{2}\sum_{i=1}^{N}\sum_{j=1}^{N}\alpha_i\alpha_j y_i y_j K(x_i \cdot x_j) - \sum_{i=1}^{N}\alpha_i \tag{4.24}$$

其中，$K(x_i,\ x_j) = \exp\left(-\dfrac{||\ x_i - x_j\ ||^2}{2\sigma^2}\right)$。另外，$\sum_{i=1}^{N}\alpha_i y_i = 0,\ 0 \leqslant \alpha_i \leqslant C,\ i = 1,\ 2,\ \cdots,\ N$。

通过以上公式得到 $\boldsymbol{\alpha}^*$ 的最优解为 $\boldsymbol{\alpha}^* = (\alpha_1^*,\ \alpha_2^*,\ \cdots,\ \alpha_N^*)^{\mathrm{T}}$。之后按公式(4.20)计算权重 w^*：

接下来选择 $\boldsymbol{\alpha}^*$ 中包含的一个内部分量 α_j^* 并且设置满足条件 $0 < \alpha_j^* < C$，进而计算误差值 b^*：

$$b^* = y_i - \sum_{i=1}^{N}\alpha_i^* y_i K(x_i,\ x_j) \tag{4.25}$$

最后设置带有核函数的分类决策函数：

$$f(x) = \mathrm{sign}\left(\sum_{i=1}^{N}\alpha_i^* y_i K(x_i,\ y_j) + b^*\right) \tag{4.26}$$

综上，通过以上公式计算得到各个特征对于 SVM 超平面的距离，进而实现数据分类。

4.2.5 神经网络

神经网络作为机器学习的一部分,它的出现使得计算机能够模拟人类大脑进行思考分析成为可能,并且让数据分类实现质的飞跃。它存在至今有两个主要的功能：其一是实现特征提取功能,去掉噪声和“垃圾”数据,得到更为干净的数据;其二是作为高效的分类执行者,提高数据分类精度。以上是神经网络模型存在的意义。神经网络的出现,旨在让机器可以像人脑一样进行思维,因此神经网络模仿人脑内部网络进行数据处理。

在使用神经网络进行工作时,为了防止输出结果不是想要的答案,都需要使用激活函数进行约束。神经网络常用的激活函数有 Sigmoid 函数[公式(4.27)]、ReLU 函数[公式(4.28)]和 tanh 函数[公式(4.29)]三种。下面分别对这三种激活函数进行介绍。

1. Sigmoid 函数

$$\sigma(x) = \frac{1}{1 + e^{-x}} \tag{4.27}$$

如公式(4.27)所示,Sigmoid 函数输出值位于 0 到 1 之间。使用 Sigmoid 函数可以使输出区间固定,训练过程不易产生过大数据,避免数据发散问题产生,即不存在梯度爆炸问题。图 4.6 展示了 Sigmoid 函数的工作区间。

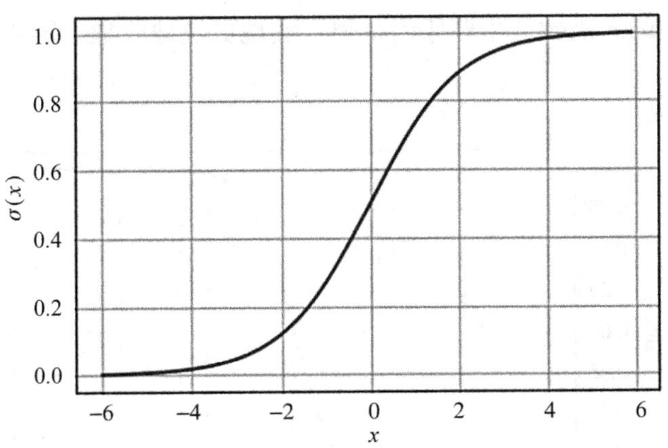

图 4.4 Sigmoid 函数

2. ReLU 函数

$$\mathrm{ReLU}(x) = \max(0,\ x) \tag{4.28}$$

ReLU 激活函数是现如今最常用的一种激活函数,多数神经网络模型选择激活函数时,都将 ReLU 函数作为首选。由公式(4.28)可知,当 $x > 0$ 时,ReLU 函数导数恒为 1,这将不存在数据稀缺问题,即不存在梯度消失问题。与 Sigmoid 函数相比,ReLU 函数在运算、求导等方面都较为简单。图 4.5 展示了 ReLU 函数的工作区间。

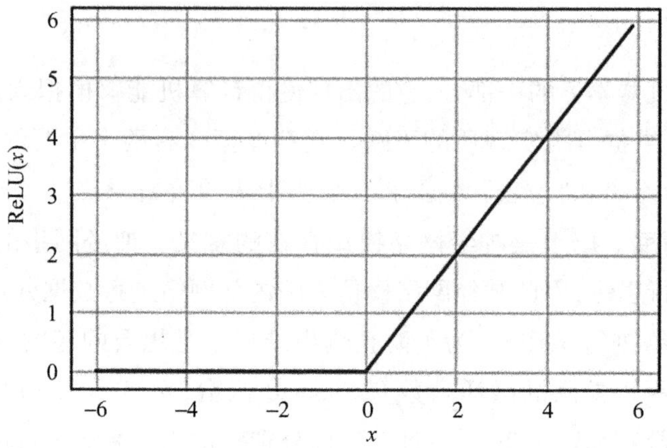

图 4.5　ReLU 函数

3. tanh 函数

$$\tanh(x)=\frac{e^{x}-e^{-x}}{e^{x}+e^{-x}} \tag{4.29}$$

通过公式(4.29)可知，tanh 函数的取值范围介于(-1,1)之间。它的函数曲线和 Sigmoid 函数类似，但由于它的取值范围要大于 Sigmoid 函数，因此它的梯度更大。在神经网络模型中，经常使用 tanh 函数的主要原因是想要实现更快地收敛。图 4.6 展示了 tanh 函数的取值空间。

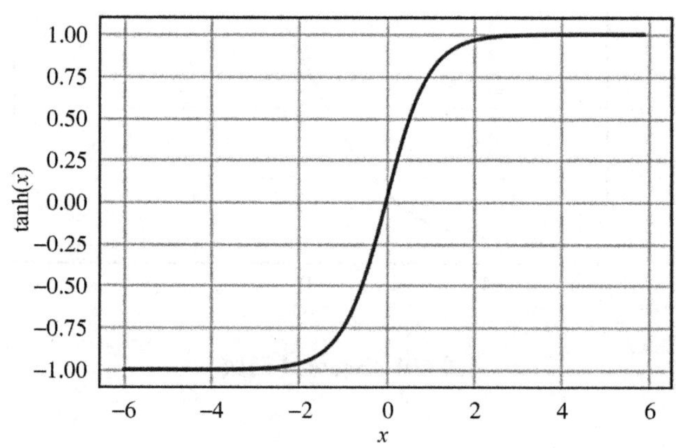

图 4.6　tanh 函数

传统机器学习算法在训练数据时均会产生训练误差，例如之前介绍的朴素贝叶斯算法。神经网络的出现是为了让机器更加智能，可以实现让机器进行主观性分析。然而，神经网络模型在训练数据时也会产生不必要的误差。对于每一种网络，都希望误差越小越好。因此，为了降低误差，神经网络引入损失函数。对于不同网络，选择的损失函数也是不同的。对于分类工作而言,常用的损失函数有交叉熵损失函数和 categorical_crossentropy 损失函数。交叉熵损失函数的计算公式如公式(4.30)所示:

$$L(\theta) = -\frac{1}{n}\sum_{i=1}^{n}\{y_i\log(\hat{p}_i) + (1 - y_i)\log(1 - \hat{p}_i)\} \tag{4.30}$$

其中,$\hat{p}_i$ 代表 p_i 的拟合值。

另外,categorical_crossentropy 损失函数计算公式如公式(4.31)所示:

$$L(\theta) = -\sum_{i=1}^{n} y_i\log\hat{y}_i \tag{4.31}$$

根据公式我们可以发现,y_i 的值,要么为 0,要么为 1。而当 $y_i=0$ 时,结果就是 0;当且仅当 $y_i=1$ 时,才会有非 0 结果。也就是说 categorical_crossentropy 只专注于一个结果,因而它一般适合做单标签分类。

4.3 案例——小试牛刀:识别图像中的数字

4.3.1 提出问题

人工智能领域需要处理的社会问题多种多样,其中就包含对图像的处理。例如,在计算机视觉领域,需要对图像进行分析以提取特征,并进一步提取场景中的语义表示信息,让计算机具有人眼和人脑的能力。此外,图像的亮度、对比度等属性对图像处理结果的影响非常大,相同的图像在不同亮度的情况下处理结果差异非常大。在图像处理中,经常会遇到阴影或强曝光等情况,因此,在图像处理前通常需要对图像进行去噪预处理操作。

4.3.2 解决方案

图像处理在人工智能领域有着广泛的应用,如人脸识别、车牌识别、数字识别等。本小节通过使用神经网络模型处理图像中的数字的案例,介绍 Python 语言在人工智能领域的应用。通过实现手写数字识别的案例,引导读者从自行构造模型进行预测,到使用 TensorFlow 等模块,再到运用 Python 第三方库进行数据分析处理和可视化,以实现神经网络模型的构建、训练及预测。具体工作流程如下:

1. 读取图像

首先,需要获取包含数字的图像,并将其加载到计算机中。这通常可以通过编程语言和图像处理库来实现,本小节使用的 MNIST 数据直接可以从 Python 第三方库中获得。

2. 预处理

预处理是图像识别中非常关键的一步,它涉及一系列操作以改善图像质量,并使其更适合后续的识别步骤。

3. 特征提取

在预处理之后，需要从图像中提取出用于识别的特征。对于数字识别，常见的特征包括数字的轮廓、边缘、角点等。

4. 识别

最后，使用神经网络模型对提取的特征进行分类，从而识别出图像中的数字。这通常需要大量的训练数据来训练模型，使其能够准确识别各种形状和大小的数字。

除了上述的基本步骤外，还有一些其他的技术和工具可以帮助提高数字识别的准确性，如使用深度学习算法进行端到端的识别、利用先验知识对识别结果进行约束等。

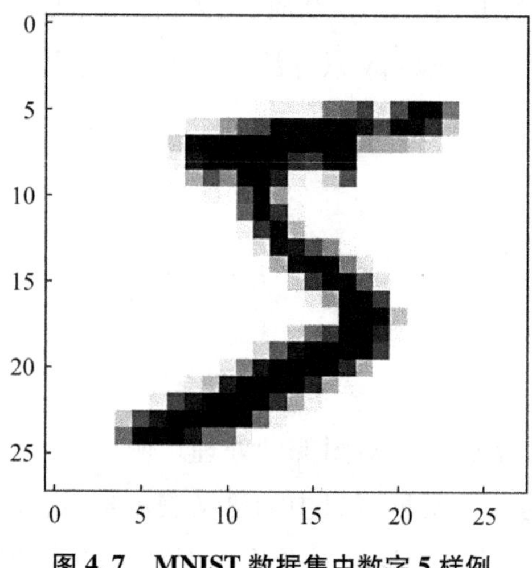

图 4.7 MNIST 数据集中数字 5 样例

4.3.3 预备知识

本小节使用神经网络模型来识别手写数字，对于神经网络模型的介绍可见 4.2.5 小节。模型选择好后，接下来就是数据集的选择。本小节使用的数据集为 MINST 数据，该数据集在机器学习方面是一个经典的数据集，由 Yann 提供的手写数字数据构成，其中包含 0~9 共 10 类手写数字图片。每张图片都通过 Python 第三方库 sklearn 进行了尺寸归一化，保证每张图片是 28×28 的灰度像素矩阵。图 4.7 所示为 MNIST 数据集中数字 5 的样例。

4.3.4 任务 1——数据准备

在构建神经网络模型时，需要先将 MNIST 数据导入整个项目中。具体下载数据集的代码如下：

```
from keras.datasets import mnist
#下载 MNIST 数据集
mnist_data = mnist.load_data()
#划分训练集与测试集
(x_train,y_train),(x_test,y_test) = mnist_data
#将 2 维数据转化成 1 维
x_train = x_train.reshape(len(x_train),-1)
y_train = np_utils.to_categorical(y_train, 10)
```

通过以上代码可以实现对 MNIST 数据集的下载。通过导入的包可以发现，MNIST 数据集存放于 Keras 神经网络库中，Keras 神经网络库隶属于 TensorFlow 神经网络库。在对手写数据进行识别时,也需要先将数据集划分为测试集与训练集。图4.8显示了前10个训练图像对应的标签。

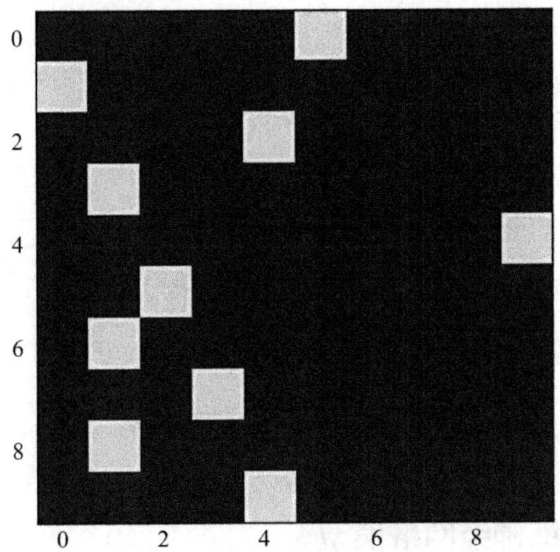

图4.8 前10个训练图像对应的标签

4.3.5 任务2——构建神经网络模型

现存的深度学习算法有很多,用于图像处理的神经网络模型也有很多,如卷积神经网络等。但本小节只是讨论简单的神经网络分类模型,并没有深入涉及深度学习模型的应用。因此,在这一小节中,我们将创建一个简单的神经网络模型,具体代码如下:

```
from keras.models import Sequential
from keras.layers import Dense, Activation
#构建网络模型
model = Sequential([
    Dense(128, input_dim=x_train.shape[1]),
    Activation('relu'),
    Dense(64, input_dim=128),
    Activation('relu'),
    Dense(10),
    Activation('softmax')
])
```

该模型构建了一个三层神经网络,其中两个隐藏层的大小分别为128和64,输出层的大小为10。设置输出层大小为10的原因是MNIST手写数字范围是0~9,标签类别数是10。两个隐含层的激活函数均使用的是ReLU,输出层使用Softmax作为激活函数,将神经网络模型转化为分类器模型。图4.9展示了神经网络模型结构。

```
Layer (type)                 Output Shape              Param #
=================================================================
dense_4 (Dense)              (None, 128)               100480
_________________________________________________________________
activation_4 (Activation)    (None, 128)               0
_________________________________________________________________
dense_5 (Dense)              (None, 64)                8256
_________________________________________________________________
activation_5 (Activation)    (None, 64)                0
_________________________________________________________________
dense_6 (Dense)              (None, 10)                650
_________________________________________________________________
activation_6 (Activation)    (None, 10)                0
=================================================================
Total params: 109,386
Trainable params: 109,386
Non-trainable params: 0
```

图 4.9 神经网络模型结构

4.3.6 任务 3——训练神经网络模型

神经网络模型构建好后,接下来就要进行训练。具体训练神经网络的代码如下:

```
model.compile(
    optimizer='adam',
    loss='categorical_crossentropy',
    metrics=['accuracy']
)
print('Training........')
model.fit(x_train,y_train,epochs=10,batch_size=10)
```

训练模型时使用的是 Adam 优化器,并使用 categorical_crossentropy 作为损失函数。训练过程中一共迭代 10 次,每次步长为 10。图 4.10 展示了训练数据的最终训练误差及训练准确率。

```
Traing.........
Epoch 1/10
60000/60000 [==============================] - 19s 320us/step - loss: 1.1108 - accuracy: 0.8571
Epoch 2/10
60000/60000 [==============================] - 19s 320us/step - loss: 0.2564 - accuracy: 0.9343
Epoch 3/10
60000/60000 [==============================] - 29s 477us/step - loss: 0.2056 - accuracy: 0.9488
Epoch 4/10
60000/60000 [==============================] - 20s 335us/step - loss: 0.1820 - accuracy: 0.9554
Epoch 5/10
60000/60000 [==============================] - 19s 322us/step - loss: 0.1664 - accuracy: 0.9600
Epoch 6/10
60000/60000 [==============================] - 23s 377us/step - loss: 0.1576 - accuracy: 0.9630
Epoch 7/10
60000/60000 [==============================] - 21s 345us/step - loss: 0.1541 - accuracy: 0.9638
Epoch 8/10
60000/60000 [==============================] - 20s 333us/step - loss: 0.1473 - accuracy: 0.9662
Epoch 9/10
60000/60000 [==============================] - 24s 400us/step - loss: 0.1426 - accuracy: 0.9664
Epoch 10/10
60000/60000 [==============================] - 25s 423us/step - loss: 0.1363 - accuracy: 0.9683
```

图 4.10 模型训练结果

由图 4.10 可以看出最终训练误差为 13.63%，训练准确率为 96.83%。

4.3.7 任务 4——测试神经网络模型

模型训练好后，接下来测试该模型在数据分类方面的预测能力。具体测试代码如下：

```
#将 2 维数据转化为 1 维
x_test = x_test.reshape(len(x_test),-1)
y_test = np_utils.to_categorical(y_test, 10)
print('Testing............')
loss,accuracy = model.evaluate(x_test,y_test)
print('test loss:',loss)
print('test acc:',accuracy)
```

最终的测试结果如图 4.11 所示。

```
Test............
10000/10000 [==============================] - 0s 36us/step
test loss: 0.21667172867504997
test acc: 0.957099974155426
```

图 4.11 模型测试结果

由图 4.11 可以看出，对于手写数字识别案例，最终测试误差为 21.67%，分类准确率为 95.71%。

4.3.8 拓展任务

在前面几个小节中，我们使用神经网络模型实现了手写数字识别分类，包括数据集下载、模型创建、训练以及测试。但以上结果只是展示了 MNIST 数据集在神经网络模型中的分类结果，模型自身泛化能力如何还不可知。因此，这里留下一个任务：试考虑如何根据以上分类精度评估模型泛化能力，并尝试画出模型训练曲线。

4.4 案例 2——辅助诊断乳腺癌

4.4.1 提出问题

在人工智能的应用场景中，除了上一小节对图像的处理外，还有对其他方面的处理，例如文本分类、情感分析、医疗诊断等。随着社会的发展，医学也在不断发展，现如今越来越多的癌症相关数据被收集起来，包括基因测序数据、影像学数据、病理切片数据等。这些数据的规模庞大且复杂，传统的分析方法很难充分利用这些数据。而人工智能可以通过机器学习算法对这些数据进行高效的分析和挖掘，发现其中的潜在规律和模式，为癌症的分类和治疗提供更有力的支持。

4.4.2 解决方案

医疗诊断在人工智能中也有广泛的应用,如组学序列数据分类、医学图像识别等。本小节使用朴素贝叶斯分类器实现对乳腺癌数据的分类,区分出患者和健康人员。通过使用Python第三方库来处理数据,并建立和训练朴素贝叶斯模型。本小节会使用到numpy等Python第三方库,可以让读者在学习机器学习库的工作原理的同时,学会使用它们。使用朴素贝叶斯分类器进行乳腺癌诊断的工作流程如下:

(1) 数据准备:首先,需要导入包含乳腺癌数据集的数据源,这个数据源位于Python第三方包下。这通常是一个结构化的数据集,包含了多个特征(如肿瘤的大小、形状、质地等)和对应的标签(如良性或恶性)。

(2) 数据预处理:对数据集进行预处理,包括数据清洗(处理缺失值、异常值等)、特征选择(选择对分类任务有重要影响的特征)以及可能的特征工程(如特征缩放、编码等)。

(3) 划分数据集:将处理后的数据集划分为训练集和测试集。训练集用于训练朴素贝叶斯分类器,而测试集则用于评估分类器的性能。

(4) 配置朴素贝叶斯分类器:选择适当的朴素贝叶斯模型进行配置。在乳腺癌分类任务中,可能会选择基于高斯分布的朴素贝叶斯分类器,因为某些特征可能符合高斯分布。

(5) 训练模型:使用训练集对朴素贝叶斯分类器进行训练。在训练过程中,分类器会学习每个特征与标签之间的关系,并计算出每个类别的条件概率。

(6) 评估模型:使用测试集对训练好的朴素贝叶斯分类器进行评估。评估指标可以包括精确率、召回率、F1值等,这些指标可以帮助我们了解分类器的性能。

(7) 模型预测:利用训练好的朴素贝叶斯分类器对新的乳腺癌样本进行预测。分类器会根据样本的特征计算出其属于各个类别的概率,并选择概率最大的类别作为预测结果。

(8) 结果分析:对预测结果进行分析,包括查看分类错误的样本、分析错误原因以及提出可能的改进措施。

4.4.3 预备知识

本小节使用朴素贝叶斯分类器来诊断乳腺癌疾病。关于朴素贝叶斯分类器的详细介绍可查看4.2.2小节。本小节主要介绍所使用的乳腺癌数据集。本小节使用的乳腺癌数据集是scikit-learn(sklearn)库中一个常用的内置数据集,用于分类任务。该数据集包含了从乳腺癌患者收集的肿瘤特征的测量值,以及相应的良性(benign)或恶性(malignant)标签。该数据集包含30个数值型特征,这些特征描述了乳腺肿瘤的不同测量值,如肿瘤的半径、纹理、对称性等。另外,该数据集最初由威斯康星州医院的威廉·H. 沃尔贝格医生(Dr. William H. Wolberg)收集,包含569个样本,其中良性样本357个,恶性样本212个。

图 4.12 展示了乳腺癌数据集样例。

In [7]: 1 x.describe()

Out[7]:

	radius_mean	texture_mean	perimeter_mean	area_mean	smoothness_mean	compactness_mean	concavity_mean	concave points_mean	symmetry_mean
count	569.000000	569.000000	569.000000	569.000000	569.000000	569.000000	569.000000	569.000000	569.000000
mean	14.127292	19.289649	91.969033	654.889104	0.096360	0.104341	0.088799	0.048919	0.181162
std	3.524049	4.301036	24.298981	351.914129	0.014064	0.052813	0.079720	0.038803	0.027414
min	6.981000	9.710000	43.790000	143.500000	0.052630	0.019380	0.000000	0.000000	0.106000
25%	11.700000	16.170000	75.170000	420.300000	0.086370	0.064920	0.029560	0.020310	0.161900
50%	13.370000	18.840000	86.240000	551.100000	0.095870	0.092630	0.061540	0.033500	0.179200
75%	15.780000	21.800000	104.100000	782.700000	0.105300	0.130400	0.130700	0.074000	0.195700
max	28.110000	39.280000	188.500000	2501.000000	0.163400	0.345400	0.426800	0.201200	0.304000

In [ ]: 1

图 4.12 乳腺癌数据集

4.4.4 任务 1——准备训练集和测试集

使用朴素贝叶斯分类器对乳腺癌数据进行分类之前,首先需要得到数据集,并将其划分为训练集与测试集。对于乳腺癌数据,本书使用 sklearn 中已存在的乳腺癌数据集,具体代码如下:

```
from sklearn.datasets import load_breast_cancer
from sklearn.model_selection import train_test_split
#下载乳腺癌数据集
cancer = load_breast_cancer()
x = cancer.data
y = cancer.target
#划分训练集与测试集
x_train, x_test, y_train, y_test = train_test_split(
    x, y, test_size=0.30)
```

对于乳腺癌数据的划分,使用 train_test_split()方法进行,训练集与测试集的数据比例为 7∶3。

4.4.5 任务 2——构建和训练模型

本小节分为两个部分:首先构建朴素贝叶斯模型,然后使用训练集训练模型。在使用机器学习算法处理社会所需解决的问题时,首先需要把数据集准备好,然后需要选择合适的模型作为数据处理工具。对于朴素贝叶斯模型,构建的代码如下:

```
from sklearn.naive_bayes import GaussianNB
#高斯贝叶斯分类器
model_linear1 = GaussianNB()
```

由 4.2.2 小节可知，为了降低训练误差，很多情况下会选择高斯函数。因此，本节构建的朴素贝叶斯模型是基于高斯函数的。另外，朴素贝叶斯模型 Python 第三方类库已提供，因此构建模型仅需调用 Python 第三方库就可获得所需模型。

模型构建好后，需要其进行工作，接下来将进行数据训练，从而让朴素贝叶斯模型学习乳腺癌数据的一些“知识”。训练模型的具体代码如下：

```
#模型训练
model_linear1.fit(x_train, y_train)
train_score1 = model_linear1.score(x_train, y_train)
```

通过调用 fit( ) 方法实现对训练数据的训练，然后通过调用 score( ) 方法得到训练数据后的训练准确率。图 4.13 显示了训练准确率。

Accuracy：0.94

图 4.13　训练准确率

由图 4.13 可以看出，使用朴素贝叶斯模型训练乳腺癌数据获得的准确率为 94%。

4.4.6　任务 3——评估模型诊断效果

模型训练完成后，该模型已经学习了训练数据的内部原理逻辑。因此，接下来需要验证该模型处理新数据时的学习能力。模型测试代码具体如下：

```
test_score1 = model_linear1.score(x_test, y_test)
print('测试集的准确率：%f'%(train_score1, test_score1))
preresult = model_linear1.predict(x_test)
print(preresult)
print(y_test)
```

通过调用 score( ) 方法获得测试数据的准确率。为了更容易看到模型测试预测的标签与真实标签的对应关系，该项目还展示了预测标签结果与真实标签。图 4.14 显示了模型测试结果。

```
测试集的准确率:0.94
[1 0 0 0 0 1 1 1 0 0 1 0 1 1 1 0 1 1 1 0 1 0 0 1 0 0 1 1 1 1 1 1 1 1 0 1 1
 0 1 1 1 1 1 0 1 1 0 0 1 0 1 0 1 1 1 1 1 1 1 1 1 0 1 1 0 1 0 0 1 1 1 0 1
 1 0 0 0 0 1 0 1 1 1 1 1 0 0 1 1 1 1 1 1 1 0 0 1 0 1 1 0 0 0 0 1 1 1 1 1
 1 1 0 1 1 1 1 0 0 1 1 0 1 1 0 1 0 0 1 0 0 0 1 1 1 0 1 1 0 1 1 1 1 1 0 0 1
 1 1 0 1 0 0 1 0 1 1 1 0 1 1 1 0 1 1 0 1 1 0 1]
[0 0 0 0 1 1 1 1 0 0 1 0 1 1 1 0 1 1 1 0 1 0 0 0 0 0 1 1 1 1 1 1 1 1 0 1 1
 0 1 1 1 1 1 0 1 1 1 0 1 0 1 1 1 1 1 1 1 1 1 1 1 0 1 1 0 1 0 0 1 1 1 0 1
 1 0 0 0 0 1 0 1 1 1 1 1 0 0 1 1 1 1 1 1 1 0 0 1 0 1 1 0 0 0 0 1 1 1 1 1
 1 1 0 1 1 1 1 0 0 1 1 0 1 1 0 1 0 1 1 1 0 0 1 1 1 0 1 0 0 1 0 1 1 1 0 0 1
 1 1 0 1 0 0 1 0 1 1 1 0 1 1 1 0 1 0 0 1 1 0 1]
```

图 4.14　朴素贝叶斯模型测试结果

为了进一步验证高斯版本朴素贝叶斯模型的泛化能力，本小节也通过与其他贝叶斯模型进行对比来展示效果。选择两种贝叶斯模型来与高斯版本朴素贝叶斯模型进行对比，这两种贝叶斯模型分别为多项式贝叶斯分类器与伯努利贝叶斯分类器。三者对比结果如图 4.15 所示。

```
高斯贝叶斯训练集的准确率:0.94; 测试集的准确率:0.94
[1 0 0 0 0 1 1 1 0 0 1 0 1 1 1 0 1 1 1 0 1 0 0 1 0 0 1 1 1 1 1 1 1 1 0 1 1
 0 1 1 1 1 1 0 1 1 0 0 1 0 1 0 1 1 1 1 1 1 1 1 1 1 0 1 1 0 1 0 0 1 1 1 0 1
 1 0 0 0 0 1 0 1 1 1 1 1 0 0 1 1 1 1 1 1 1 0 0 1 0 1 1 0 0 0 0 1 1 1 1 1 1
 1 1 0 1 1 1 1 0 0 1 1 0 1 1 0 1 0 0 1 0 0 0 1 1 1 0 1 1 0 1 1 1 1 1 0 0 1
 1 1 0 1 0 0 1 0 1 1 1 0 1 1 1 0 1 1 0 1 1 0 1]
[0 0 0 0 1 1 1 1 0 0 1 0 1 1 1 0 1 1 1 0 1 0 0 0 0 0 1 1 1 1 1 1 1 1 0 1 1
 0 1 1 1 1 1 0 1 1 1 0 1 0 1 1 1 1 1 1 1 1 1 1 1 1 0 1 1 0 1 0 0 1 1 1 0 1
 1 0 0 0 0 1 0 1 1 1 1 1 0 0 1 1 1 1 1 1 1 0 0 1 0 1 1 0 0 0 0 1 1 1 1 1 1
 1 1 0 1 1 1 1 0 0 1 1 0 1 1 0 1 0 1 1 1 0 0 1 1 1 0 1 0 0 1 0 1 1 1 0 0 1
 1 1 0 1 0 0 1 0 1 1 1 0 1 1 1 0 1 0 0 1 1 0 1]
多项式贝叶斯训练集的准确率:0.89; 测试集的准确率:0.91
[1 1 0 1 1 1 1 1 0 1 1 0 1 1 1 1 1 1 1 1 0 0 0 0 0 1 1 1 1 1 1 1 1 1 0 1 1
 0 1 1 1 1 1 0 1 1 1 0 1 1 1 1 1 1 1 1 1 1 1 1 1 1 0 1 1 0 1 0 0 1 1 1 1 1
 1 0 1 0 0 1 0 1 1 1 1 1 0 0 1 1 1 1 1 1 1 0 0 1 0 1 1 0 0 1 0 1 1 1 1 1 1
 1 1 0 1 1 1 1 0 0 1 1 1 1 1 0 1 0 1 1 0 0 0 1 1 1 0 1 1 0 1 1 1 1 1 0 0 1
 1 1 0 1 0 1 1 0 1 1 1 0 1 1 1 0 1 0 1 1 1 0 1]
[0 0 0 0 1 1 1 1 0 0 1 0 1 1 1 0 1 1 1 0 1 0 0 0 0 0 1 1 1 1 1 1 1 1 0 1 1
 0 1 1 1 1 1 0 1 1 1 0 1 0 1 1 1 1 1 1 1 1 1 1 1 1 0 1 1 0 1 0 0 1 1 1 0 1
 1 0 0 0 0 1 0 1 1 1 1 1 0 0 1 1 1 1 1 1 1 0 0 1 0 1 1 0 0 0 0 1 1 1 1 1 1
 1 1 0 1 1 1 1 0 0 1 1 0 1 1 0 1 0 1 1 1 0 0 1 1 1 0 1 0 0 1 0 1 1 1 0 0 1
 1 1 0 1 0 0 1 0 1 1 1 0 1 1 1 0 1 0 0 1 1 0 1]
伯努利贝叶斯训练集的准确率:0.62; 测试集的准确率:0.64
[1 1 1 1 1 1 1 1 1 1 1 1 1 1 1 1 1 1 1 1 1 1 1 1 1 1 1 1 1 1 1 1 1 1 1 1 1
 1 1 1 1 1 1 1 1 1 1 1 1 1 1 1 1 1 1 1 1 1 1 1 1 1 1 1 1 1 1 1 1 1 1 1 1 1
 1 1 1 1 1 1 1 1 1 1 1 1 1 1 1 1 1 1 1 1 1 1 1 1 1 1 1 1 1 1 1 1 1 1 1 1 1
 1 1 1 1 1 1 1 1 1 1 1 1 1 1 1 1 1 1 1 1 1 1 1 1 1 1 1 1 1 1 1 1 1 1 1 1 1
 1 1 1 1 1 1 1 1 1 1 1 1 1 1 1 1 1 1 1 1 1 1 1]
[0 0 0 0 1 1 1 1 0 0 1 0 1 1 1 0 1 1 1 0 1 0 0 0 0 0 1 1 1 1 1 1 1 1 0 1 1
 0 1 1 1 1 1 0 1 1 1 0 1 0 1 1 1 1 1 1 1 1 1 1 1 1 0 1 1 0 1 0 0 1 1 1 0 1
 1 0 0 0 0 1 0 1 1 1 1 1 0 0 1 1 1 1 1 1 1 0 0 1 0 1 1 0 0 0 0 1 1 1 1 1 1
 1 1 0 1 1 1 1 0 0 1 1 0 1 1 0 1 0 1 1 1 0 0 1 1 1 0 1 0 0 1 0 1 1 1 0 0 1
 1 1 0 1 0 0 1 0 1 1 1 0 1 1 1 0 1 0 0 1 1 0 1]
```

图 4.15　三种贝叶斯模型对比结果

从图 4.15 的对比结果可以看出，在分类乳腺癌数据的任务中，高斯贝叶斯模型的效果较好。当然，具体问题具体分析，并不是所有的情况下都是高斯贝叶斯模型效果好。在其他场景中，高斯贝叶斯模型可能也会存在较差的结果。

4.4.7　拓展任务

本小节通过朴素贝叶斯模型处理了乳腺癌数据，但现存的分类器模型多种多样，本章在 4.2 小节中也介绍了一些典型的模型。因此，希望读者可以使用 SVM 分类器或者决策树模型处理一下乳腺癌数据，查看它们对数据的学习能力。另外，朴素贝叶斯模型的应用场景也是多种多样，读者也可以使用不同数据来验证其分类能力，例如基于朴素贝叶斯模型的葡萄酒分类分析。

本章小结

目前，机器学习算法在处理大量人工智能场景中已经取得了显著成效。可以说，在人工智能领域已经存在很多成熟的算法了，例如图像识别、癌症分类、文本分类等。本章主要介绍了机器学习方面的各种分类算法，其中包括决策树模型、朴素贝叶斯分类器、*k*-近邻分类器、支持向量机以及神经网络。然后，本章通过识别图像中数字和诊断乳腺癌两个实例介绍了基于神经网络和朴素贝叶斯算法实现分类的场景。

课后习题

一、填空题

1. 分类器是(　　)。

2. *k*-近邻分类器简称为(　　)。

3. 决策树是一种常见的机器学习模型，既可用于(　　)，又可用于(　　)。

4. SVM 包含(　　)和(　　)分类。

5. 神经网络内部网络层模仿的是(　　)。

二、选择题

1. *k*-近邻算法的基本要素不包括(　　)。

A. 距离度量　　B. *k* 值的选择　　C. 样本大小　　D. 分类决策规则

2. 在构建决策树时，需要计算每个用来划分数据特征的得分，选择分数最高的特征。以下可以作为得分的是(　　)。

A. 熵　　B. 基尼系数　　C. 训练误差　　D. 以上都是

3. 下面对于支持向量机的描述错误的是(　　)。

A. 是一种监督学习方法　　B. 可用于多分类问题

C. 支持非线性核函数　　D. 是一种生成式模型

4. 下面对于神经网络模型的描述错误的是(　　)。

A. 由于激活函数非线性特点，可能导致反向传播过程中梯度消失问题

B. 激活函数不必可导

C. 没有前馈计算也可以进行反向传播计算

D. ReLU 激活函数导致神经元死亡指的是该节点以后都不可能被激活

5. 朴素贝叶斯分类器基于(　　)假设。

A. 样本分布独立性　　B. 属性条件独立性

C. 后验概率已知　　D. 先验概率已知

三、简答题

1. 朴素贝叶斯分类器为什么是“朴素”的？
2. k-近邻算法的基本思想是什么？
3. 决策树的叶节点和非叶节点分别代表什么？
4. 决策树算法的基本思想是什么？
5. 线性可分支持向量机的基本思想是什么？

第5章

物以类聚

在当今这个数据爆炸的时代，信息的海量增长既为我们带来了前所未有的机遇，也带来了前所未有的挑战。如何从这片数据的海洋中高效地提取出有价值的信息，成为众多领域共同面临的难题。人工智能聚类技术作为数据挖掘和机器学习领域的一项重要技术，正是为解决这一问题而诞生的。

聚类，简而言之，就是将一组数据对象划分为若干个类别或簇的过程，使得同一簇内的数据对象具有较高的相似度，而不同簇之间的数据对象则具有较低的相似度。这一技术不仅能够帮助我们更好地理解数据的内在结构和分布特征，还能够为后续的决策支持、模式识别、信息检索等任务提供有力的支持。

人工智能聚类技术的发展，经历了从传统的基于统计的方法到现代的基于机器学习和深度学习的方法的演变。这些方法的不断进步，不仅提高了聚类的准确性和效率，还拓展了聚类的应用场景。从市场营销中的客户细分，到生物信息学中的基因表达数据分析，再到社交网络中的用户群体识别，人工智能聚类技术都发挥着举足轻重的作用。然而，人工智能聚类技术并非完美无缺。在实际应用中，我们仍然面临着诸如高维数据的处理、噪声数据的干扰、聚类数目和形状的确定等挑战。为了解决这些问题，研究者们不断探索新的聚类算法和模型，以及与其他技术的融合应用，以期在更广泛的领域和更复杂的数据环境中发挥聚类技术的优势。

本书的这一章，将带领读者深入探索人工智能聚类技术的奥秘。我们将从聚类的基本概念和方法入手，逐步深入各种先进的聚类算法和模型，以及它们在实际应用中的案例和效果。

学习目标

知识目标：

1. 掌握聚类分析的概念和原理，了解常见的聚类分析方法，如基于划分的聚类、基于层次的聚类等。

2. 掌握评估聚类方法的性能度量指标，例如轮廓系数、CH 分数等。

3. 深入理解并掌握 k-均值聚类算法的原理和流程，以及 k-均值聚类算法的关键要素。

4. 掌握案例 1 和案例 2，能够用 k-均值算法解决类似问题。

能力目标：

1. 能够理解聚类分析的原理和特点，能够学会用聚类方法解决相关问题。

2. 能够初步判断采用的聚类方法以及聚类性能度量方法。

3. 能够用 k-均值聚类算法解决实际问题。

素质目标：

1. 培养创新思维和解决问题的能力，能够独立思考、勇于探索，不断寻求新的方法和思路来解决复杂问题。

2. 培养批判性思维和终身学习的意识。

3. 树立责任意识，认识到人工智能技术的社会影响和责任。

4. 提高动手实践能力，学会用人工智能的方法解决问题。

5.1 聚类分析

自然界和人类社会中经常会出现物以类聚、人以群分的现象。人们在日常生活和工作中也会经常把性质较为相似的对象归为同类型，形成一种对事物进行归类的基本方式。这些新的物体或对象事先并没有做任何类别标注，不知道它属于哪个类别，但需要在不依赖人类知识提示的前提下，让机器独立观察世界，将它们划分为不同的簇群。例如，在商业销售领域，竞争异常激烈，为提供个性化、精准化服务，有必要利用上述技术基于销售历史数据进行分析研判，将客户划分为贵宾、普通客户和潜在客户等，然后根据不同客户群体制订对应的营销策略，挖掘客户潜在需求，不断改善服务质量。机器学习的聚类任务就是根据样本数据之间的某种相似关系来实现对样本数据集合的归类，使得同类型中的样本之间具有较大相似性或相似度，实现物以类聚的效果。由于聚类的类别由不同样本之间的某种相似性确定，不需要对训练样本指定具体的类别信息，聚类类别所表达的含义通常是不确定的，故样本数据聚类是一种典型的无监督学习方式。

5.1.1 何为聚类分析

聚类分析是一种典型的无监督学习，与有监督学习不同的是，无监督学习的样本标签是未知的，也就是事先不知道每个样本的类别。因此，无监督学习的目标是学习每个样本潜在的性质及规律，利用这些隐式特征做进一步的数据分析。聚类便是这类任务中应用最广泛的算法之一。具体来讲，聚类的目标是寻找数据内在的分布，推导出数据的隐式标签，利用隐式标签对数据分组，使得每个组内数据具有相似的分布，而组间的数据分布不同。

聚类分析不依赖训练模型和用过的样本数据，仅针对当前待分析的样本运行聚类算法，将样本划分为几个不同的类别，从而揭示样本间的内在性质和相互之间的联系规律。

假设样本集 $D=\{x_1, x_2, \cdots, x_N\}$ 包含 N 个无标记样本,则聚类算法的目标是将样本集 D 划分为 K 个不相交的簇 $\{C_k \mid k=1, 2, \cdots, K\}$,其中任意两个簇的样本没有交集,并且所有簇的样本组合成全部样本集 D。用 $\lambda_n \in \{1,2, \cdots, K\}$ 表示样本 x_n 的“簇标签”,即 $x_n \in C\lambda_n$。于是,聚类的结果可用包含 N 个元素的簇标签向量 $\lambda=\{\lambda_1, \lambda_2, \cdots, \lambda_N\}$ 表示。

常见的运用聚类方法解决问题的应用场景有很多,比如基于销售的历史数据进行分析,将客户细分为具有相同消费习惯或购买模式的组,从而采取有针对性的营销活动,提高营销额;医学领域中把原始图像划分成若干特定的、具有独特性质的区域并提取目标,对图像进行分析,挖掘疾病的不同临床特征,辅助医生进行临床诊断;生物领域中按照功能对基因进行聚类,获取不同种类物种之间的基因关联,用于指导物种分类或有助于发现新的物种。

5.1.2 常见聚类方法

聚类分析是一种有效的无监督学习方法,它可以帮助我们挖掘出原始数据集中潜藏的模式,并将不同的观测项归类到某些具有特征的簇中。在实际的数据挖掘应用过程中,会有很多复杂的类型和方法,且不同的应用场景对应不同的聚类算法。下面我们来介绍并讨论一下最常见的几种聚类方法。

(1) 基于划分的聚类,是一种简单、常用的聚类方法,它通过将对象划分为互斥的簇进行聚类,使每个对象属于且仅属于一个簇。划分结果旨在使簇之间的相似度低,簇内部的相似度高。k-均值聚类是一种最常用的基于样本划分的聚类方法,它广泛应用于定性数据分析。它的基本思想是利用距离函数,将样本划分到离每个类别中心距离最近的类别中,从而实现对对象的分类。

(2) 层次聚类,是一种从上到下的过程,分为两个主要步骤:分裂和合并。分裂的过程是将每个簇中的点拆分成越来越小的子簇,而合并过程是将越来越近的簇合并成一个簇,从而把聚类问题划分成一系列的子问题,从而达到目的。

(3) 密度聚类,是一种通过对数据空间中密度最高的点进行划分来完成聚类的方法。其主要思想是先从空间中找到一组聚集点,然后利用某种距离定义将这些聚集点作为一个簇,接着在第二组聚集点中寻找密度更高的簇,以此类推,直到没有更高的密度,聚类完成。

(4) 模糊 C-均值(Fuzzy C-Means, FCM)聚类法,是普通 k-均值聚类方法的改良。给定一组数据及其分类,用公式表示出这组数据及其分类之间的相关性,估计每个类别的中心。其中数据间距离采用欧氏距离,同时还考虑每个数据点到指定类别中心的相对距离(也称相对模糊度),从而衡量每个数据点的模糊程度。

(5) 基于谱的聚类方法,是基于核密度估计的一种新的聚类方法。它需要一个数据集,在此之后,加权图就会建立起来,以存储数据之间的相似度,从而实现聚类与分类。基于谱的聚类方法不失为一种不错的聚类方法,它能够更容易地把大规模的数据划分到多个聚类，但它本质上是一种比较耗费资源、复杂的算法。

5.1.3　聚类性能度量

聚类算法的性能度量是衡量学习模型优劣的指标，也可作为优化学习模型的目标函数。无论使用什么聚类方法对样本进行分簇，都会涉及如何对聚类后的效果进行评估，以衡量聚类模型的性能。聚类性能度量指标就是用于对聚类后的结果进行评判，分为内部指标和外部指标两大类。外部指标要事先指定聚类模型作为参考来评判聚类结果的好坏，称为有标签的评价；而内部指标是指不借助任何外部参考，只用参与聚类的样本本身来评判聚类结果的好坏。特别地，任何度量指标（Evaluation Metric）不应该考虑到簇标签的绝对值，而是关注聚类方式所分离的数据是否类似于部分真实簇分类或者满足某些假设，在同一相似性度量（Similarity Metric）之下，使得属于同一个类内的成员比不同类的成员更加类似。也就是说，聚类作为无监督学习的一种方法，并不能单纯以结果的准确性作为衡量算法好坏的唯一标准。没有绝对好的聚类算法，一个算法只需要以某一种特征作为类的划分准则，并将数据样本按照这一特征进行划分，就是一个好的聚类算法。因此，我们要根据算法的特征选择合适的性能度量方法。

（1）轮廓系数：所有样本的轮廓系数的均值称为聚类结果的轮廓系数，定义为 s，可用公式（5.1）计算，它是该聚类是否合理、有效的度量。聚类结果的轮廓系数 s 的取值在[-1, 1]之间，值越大，说明同类样本相距越近，不同样本相距越远，分数越高，聚类效果越好。对于不正确的聚类，分数为-1；对于高密度的聚类，分数为+1；$s>0.5$ 表明聚类较好。a 表示样本与同类中所有其他点之间的平均距离，b 表示样本与下一个最近聚类中所有其他点之间的平均距离。

$$s = \frac{b - a}{\max(a,\ b)} \tag{5.1}$$

（2）兰德指数：它是一种衡量聚类算法性能的指标。它衡量的是聚类算法将数据点分配到聚类中的准确程度。兰德指数分为调整的兰德指数和未调整的兰德指数。未调整的兰德指数取值区间为[0, 1]，没有固定值表示两个随机标签的关系；调整的兰德指数将评分规范到了[-1, 1]之间，以0.0表示两个随机标签的关系。

如果 C 是一个真实簇的标签分配，K 是簇的个数，我们定义 a 和 b 为：

a 为在 C 中的相同集合与 K 中的相同集合中的元素对数；

b 为在 C 中的不同集合与 K 中的不同集合中的元素对数。

未调整的兰德指数由公式（5.2）给出：

$$\mathrm{RI} = \frac{a + b}{C_2^{n_{samples}}} \tag{5.2}$$

其中 $C_2^{n_{samples}}$ 为数据集中可能的数据对数(不对数据进行排序,即将同一类放在一起)。

然而,RI 得分不能保证随机标签分配会获得接近零的值(特别是如果簇的数量与样本数量有着相同的排序规模),所以要调整兰德指数。

为了抵消这种影响,我们可以对预期的 RI 进行一种运算 $E[\mathrm{RI}]$,通过公式(5.3)调整后的兰德指数来设置随机标签:

$$\mathrm{ARI} = \frac{\mathrm{RI} - E[\mathrm{RI}]}{\max(\mathrm{RI}) - E[\mathrm{RI}]} \tag{5.3}$$

(3) CH 分数:该聚类指标是评估聚类效果的一种内部指标,主要用于衡量聚类结果的紧密性和分离性。CH 分数通过比较类别内部的协方差(紧密性)与类别间的协方差(分离性)来评估聚类质量。类别内部数据的协方差越小越好,类别之间的协方差越大越好,这时的 CH 分数会高。当簇密集且分离较好时,分数更高,因此 CH 的数值越大越好。

(4) Fowlkes-Mallows 指数:该聚类性能衡量指标主要基于数据的真实标签和聚类结果的交集、并集以及簇内和簇间点对数的比值来计算。当数据集的分类情况已知时,可以使用 Fowlkes-Mallows 指数来衡量算法的性能。Fowlkes-Mallows 指数 FMI 被定义为成对的准确率和召回率的几何平均值,如公式(5.4)所示。

$$\mathrm{FMI} = \frac{\mathrm{TP}}{\sqrt{(\mathrm{TP} + \mathrm{FP})(\mathrm{TP} + \mathrm{FN})}} \tag{5.4}$$

其中的 TP 是真正例的数量(即真实标签组和预测标签组中属于相同簇的点对数),FP 是假正例(即在真实标签组中属于同一簇的点对数,而不在预测标签组中),FN 是假反例的数量(即预测标签组中属于同一簇的点对数,而不在真实标签组中)。得分范围为 0 到 1,较高的值表示两个簇之间的相似性良好。

5.2 *k*-均值聚类

k-均值聚类算法,又称 *k*-means 聚类算法,其中 *k* 表示聚类所得到聚簇的个数。顾名思义,*k*-均值聚类算法是一种依据均值指标对数据进行聚类的方法。该算法基于同类样本在特征空间中应该相距不远的基本思想,即"物以类聚"的思想,将集中在特征空间中某一区域内的样本划分为同一个簇,其中区域位置的界定主要通过样本特征值的均值确定。假设有样本被分为图 5.1 所示的 3 个簇群,那么如何描述簇的基本特征以区分各个簇的差异呢?

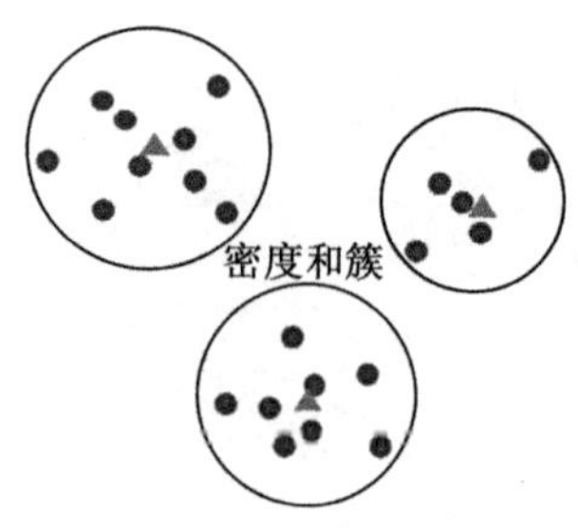

图 5.1　样本被分为 3 个簇群

聚类得到的簇可以用聚类中心、簇大小、簇密度和簇描述等特征来表示,如下所示:

(1) 聚类中心是一个簇中所有样本的均值(质心),如图5.1中的▲所示。

(2) 簇大小表示簇中所含样本的数量。

(3) 簇密度表示簇中样本的紧密程度,越紧密说明簇内样本的相似度越高。

(4) 簇描述是簇中样本的业务特征。

对于无标签示例样本数据,虽然无法使用监督学习方法确定样本类别与样本属性之间的关系,但在特征空间中距离较近的样本应较为相似,可将它们划分为同一类别。由此得到一种基于距离的相似性假设,即样本数据之间的相似性大小与它们之间的距离成反比。通常用欧氏距离(2-范数)或曼哈顿距离(1-范数)等范数来度量两个示例样本之间的距离。

可由相似性假设得到k-均值聚类算法。具体地说,对于给定的示例样本数据集 D,如公式(5.5)所示:

$$D=\{X_1,\ X_2,\ \cdots,\ X_n\} \tag{5.5}$$

其中,每个示例样本分别具有 m 个特征,即 $X_i=(x_{i1},\ x_{i2},\ \cdots,\ x_{im})^{\mathrm{T}}$。

k-均值聚类算法首先从 D 中随机选取 k 个数据点,并分别将每个数据点划归到一个簇,由此形成 k 个初始簇。此时,由于每个簇中均只包含一个数据点,故通常取簇中所含数据点的坐标作为各簇的初始聚类中心。有时也可用其他方式手动或自动确定每个初始簇及相应的初始聚类中心。在确定初始聚类中心之后,k-均值聚类算法便依据类内相似性最大化原则对 D 中数据点进行聚类,并迭代更新聚类中心,直至算法收敛得到聚类结果。

5.2.1 *k*-均值聚类算法流程

现以欧氏距离为例,介绍 k-均值聚类算法对 D 中数据点进行聚类的具体过程。由相似性假设可知,距离越小的两个示例样本之间的相似性越高,故以簇内样本相似性最大为目标的 k-均值聚类算法应使得属于相同聚簇示例样本之间的距离达到最小或尽可能地小。对于数据集 D 的某个划分聚类,将所有属于相同划分类别的样本之间距离总和称为数据集 D 在划分聚类下的类内距离。包括 k-均值聚类算法在内的划分聚类的基本思想就是寻找一种适当的划分方式,使得数据集在该划分下的类内距离达到最小或者尽可能地小。

具体地说,假设按照某种方式将数据集 D 中所有示例样本划分为 k 个簇 $C_1,\ C_2,\ \cdots,\ C_k$,则与该划分相对应的类内距离 $d(C_1,\ C_2,\ \cdots,\ C_k)$ 如公式(5.6)所示:

$$d(C_1,\ C_2,\ \cdots,\ C_k)=\sum_{j=1}^{k}\sum_{X_i\in C_j}\left[\sum_{t=1}^{m}(x_{it}-u_{jt})^2\right]^{\frac{1}{2}} \tag{5.6}$$

其中,u_{jt} 表示第 j 个簇 C_j 的聚类中心 U_j 的第 t 个坐标分量。

k-均值聚类算法从初始划分所对应类内距离开始,通过逐步调整划分的方式最小化类内距离 $d(C_1,\ C_2,\ \cdots,\ C_k)$,由此得到类内距离最小的聚类结果。算法具体过程如下:

(1) 令 $s=0$,并从 D 中随机生成 k 个作为初始聚类中心的数据点 $u_1^0,\ u_2^0,\ \cdots,\ u_k^0$。

计算 D 中各样本与各簇中心之间的距离 w，并根据 w 值将其分别划分到簇中心点与其最近的簇中。

（2）分别计算各簇中所有示例样本数据的均值，并分别将每个簇所得到的均值作为该簇新的聚类中心 u_1^{s+1}，u_2^{s+1}，…，u_k^{s+1}。

（3）若 $u_j^{s+1}=u_j^s$，则终止算法并输出最终簇，否则令 $s=s+1$，并返回步骤(2)。

k-均值聚类算法的时间复杂度为 O(nkt)，其中 n 为数据集 D 中示例样本的个数，s 为迭代次数。通常 $k \ll n$ 且 $s \ll n$，故该算法能够有效处理大规模的数据集。

由于 k-均值聚类算法的初始聚类中心是随机产生的，这会导致同一批数据在多次使用该算法进行聚类操作时得到不同的聚类结果。在实际应用中，为有效降低由于该算法不稳定的聚类结果所带来的误差影响，通常会使用多个不同的随机初始聚类中心，对同样本数据集重复多次进行聚类分析，然后从中选择效果最好的聚类结果。

对于给定的欧氏空间中的样本集合，k-均值聚类算法将样本集合划分为不同的子集，每个样本只属于其中的一个子集。k-均值聚类算法是典型的 EM 算法，通过不断迭代更新每个类别的中心，直到每个类别的中心不再改变或者满足指定的条件为止。

k-均值聚类算法需要指定聚类的类别数目 k。首先，任意初始化 k 个不同的点作为每个类别的中心点，将样本集合中的每个样本划分到距离其最近的类别。然后对每个类别，以其中样本的均值作为新的类别中心，继续将每个样本划分到距离其最近的类别，直到类别中心不再发生显著变化为止。k-均值聚类算法流程如下：

输入：样本集合 $D=\{x_1, x_2, \cdots, x_m\}$；聚类的类别数目 k；阈值 ϵ_k

输出：k-均值聚类形成的簇的中心

（1）从 D 中抽取 k 个不同的样本作为每个类别的中心点，每个类别的中心用 C_i^* 表示，如公式(5.7)所示。

$$C_i^* = \mathrm{Random}(D), \quad i \in \{1, 2, \cdots, k\} \tag{5.7}$$

（2）**while** 每个类别中心的变化 $\Delta C_i^* > \epsilon_k$，$i \in \{1, 2, \cdots, k\}$ **d**。

将每个样本划分到与其距离最近的样本，如公式(5.8)所示：

$$C_i = \{x_j \mid i = \mathrm{argmin}d(x_j, C_i^*)\}, \quad j \in \{1, 2, \cdots, m\} \tag{5.8}$$

更新每个类别的中心，如公式(5.9)所示：

$$C_i^* = \frac{1}{|C_i|}\sum_{x \in C_i} x \tag{5.9}$$

（3）**end while**

（4）**return** $\{C_i^* \mid i = 1, 2, \cdots, k\}$　　//返回聚类形成的每个类别的中心

5.2.2 k-均值聚类算法应用提示

由上述 k-均值聚类算法流程可以看出,用该算法进行聚类时,以下几个关键要素要特别注意:

(1) k 的初值。k 是一个提前定好的数,其目标是最小化每个簇内部的差异,最大化簇之间的差异。那 k 取多大值合适呢? 这取决于具体的业务需求或分析动机。例如,营销部门只有 3 种不同的客户资源来支撑拓展市场,那么设定 $k=3$ 以聚类 3 种不同的潜在客户可能是一个不错的决定。如果没有先验知识,一个经验建议是令 $k=\sqrt{n/2}$(其中 n 是样本总数),然后在附近搜索不同的值,观察 k 的变化引起的聚类性能的改变,选择一个满足应用要求且聚类效果相对稳定的 k 值就可以了。

(2) 初始质心的选择。k-均值聚类算法对初始质心是比较敏感的,这意味着随机的初始质心可能会对最终的聚类结果产生较大的影响。选择合适初始质心的方法有三种:一是如果事先知道某几个样本是彼此完全不同的,就选择它们为初始质心;二是跳出样本范围,在特征空间的任意地方取随机值为初始质心;三是分段选择初始质心,第一个初始质心随机选择,其他初始质心按距离已定初始质心最远的样本点来选择。关于初始质心的优选方法,可以研究其他聚类算法。由于随机初始质心的影响,可能每次聚类的结果不一样,因此可以通过多次运行来选择聚类性能最优的那组作为最优解。

(3) 聚类完毕后,所有样本是有簇号的。也就是原来没有标签号(簇号)的样本,经过聚类后,算法会给每个样本分配一个簇号。相同簇号的样本的特征平均值就是该簇质心的坐标,这也是 k-均值算法名称的由来。

(4) 聚类结束条件。尽管聚类能产生新的信息,但人们不应该在新信息的准确性上花费太多时间,因为聚类是无监督学习,所以更应该关注对新信息的洞察和理解。当样本数量很大,或者定义的聚类误差很严苛时,为避免聚类陷入迟迟不出结果的尴尬局面,必须设定最大迭代次数和误差阈值,满足其条件即可停止聚类。

5.3 案例 1——探究鸢尾花品种

5.3.1 提出问题

随着数据收集和数据存储技术的不断进步,我们可以迅速积累海量数据。然而,如何提取有用信息和甄别不同数据种群对普通人来说存在不小的挑战。幸运的是,现在借助一些数据挖掘工具可以较为轻松地完成一些预测任务。例如,预测新物种、探究新信息种类是聚类算法最经典的应用案例。本案例是基于一群鸢尾花(图 5.2)的数据集(无类别标签),根据花的特征探究将这些鸢尾花分为几个品种是比较合适的。

图 5.2 各式各样的鸢尾花

如果你是植物学家,这个问题你会轻而易举地解决。但在很多情况下,鸢尾花数据的使用者并不熟悉本领域具备的专业知识和植物的特点。那么,能否利用一种人工智能技术,让机器帮助人类发现一些新的知识和信息呢?

5.3.2 解决方案

要找到一种相对最佳的鸢尾花品种数 k,首先要尽可能获得关于鸢尾花的特征知识,也许它能引导我们找到品种 k 的有效初值,因为花的特征反映了花的独特之处和一些重要信息,具有重要的参考价值;然后选择用 k-均值聚类算法对鸢尾花数据集进行聚类,从性能指标数据和样本可视化分布方面对聚类结果进行评价;最后,在对比不同 k 值聚类效果的前提下,确定鸢尾花最佳的品种数量。

本案例解决方案流程如图 5.3 所示。

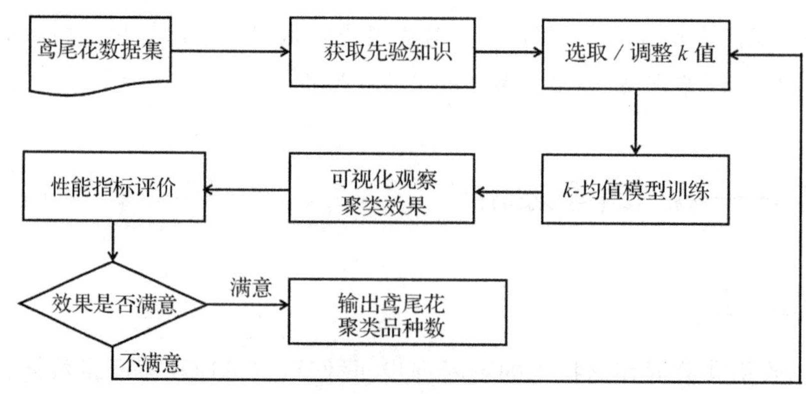

图 5.3 案例一解决方案流程

5.3.3 预备知识

本节的目标是对有关鸢尾花的特征数据进行分析,以鉴别出这些鸢尾花的品种数。我们应该先了解有关鸢尾花的相关知识、数据的降维方法以及 k-means 模型的调节参数。

1. 鸢尾花形态特征

从鸢尾花的形态结构来看,也许花瓣能更好地帮助我们分辨鸢尾花的种类。图 5.4 所示是一种鸢尾花植物。它是一种多年生草本植物,有块茎或匍匐状根茎;叶呈剑形,嵌叠状;花色泽鲜艳美丽,辐射对称,少数为左右对称;单生、数朵簇生或多花排列成总状、穗状、聚伞及圆锥花序。花瓣是组成花冠的片状体,位于花萼的内侧,是花被的内部组成部分。花瓣的颜色和形状非常鲜明,它们环绕花的生殖器官,是一朵花最显眼的部分。花瓣的数目往往是花分类的一个标志。

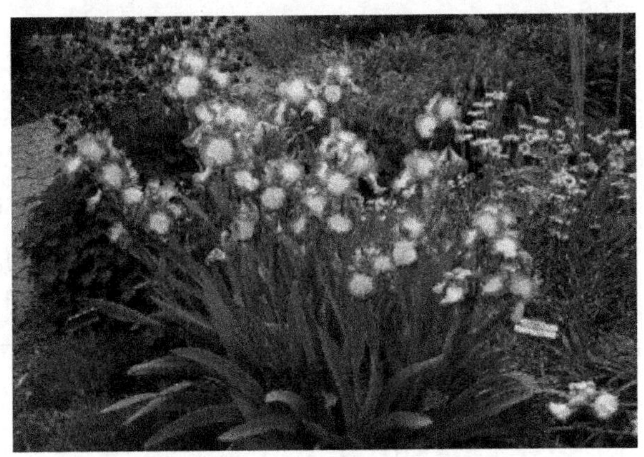

图 5.4 一种鸢尾花植物

已知鸢尾花种类繁多,五颜六色。通过花瓣和花萼有可能将鸢尾花品种分离出来,但是现有的先验知识还不能较好地确定一个合理的品种数 k。但从鸢尾花的形态结构来看,也许花瓣能更好地帮助人们分辨鸢尾花的品种。这个结论是否正确,还需在后续的分析中进行验证。

2. 数据降维

在衡量采用什么方法来分析数据时,最好能对数据的全貌有一个可视化的了解,以便从中发现一些内在规律或启示,从而更好地指导我们选择相对合理的方法来解决问题。我们通常只在二维或三维空间中可视化数据,但原始数据的实际维度可能是四维甚至更多。所以,要采用数据降维的方法将原始数据的维度降为二维或三维,以便进行可视化,直观了解数据的分布。除此之外,降维还有提高计算效率、提高模型拟合度等好处。

如何保证原高维空间里的数据关系经降维后仍然在低维空间保持不变或者近似呢?这就需要选择合适的降维方法。降维方法有很多,如因子分析法、主成分分析法、高相关滤波法、t 分布随机近邻嵌入法(t-distributed Stochastic Neighbor Embedding, t-SNE)等。其中,t-SNE 是一种非常适合高维非线性数据的降维方法,总体降维效果突出。因此在解决案例 1 之前,我们首先采用 t-SNE 对鸢尾花数据集 iris 进行降维处理,并绘制样本散点图观察数据分布情况。具体实现的源代码如下:

```
import matplotlib. pyplot as plt
from sklearn. manifold import TSNE
import numpy as np
import pandas as pd
datas=pd. read_csv(r'data\iris. csv', sep=',')
```

```
tsne=TSNE(n_components=2)
X_2d=tsne.fit_transform(datas)
plt.fiure(figsize=(9,6))
plt.plot(X_ 2d[:,0],X_2d[:,1], 'k*')
plt.show()
```

程序运行结果如图5.5所示。由图5.5可以看出,降维后的鸢尾花特征数据分为明显的两簇,但左上的一簇所包含的样本数较多,有可能是由特征比较相似的两类鸢尾花构成的。但这个猜想是否正确需要在后续的聚类分析中做进一步检验。

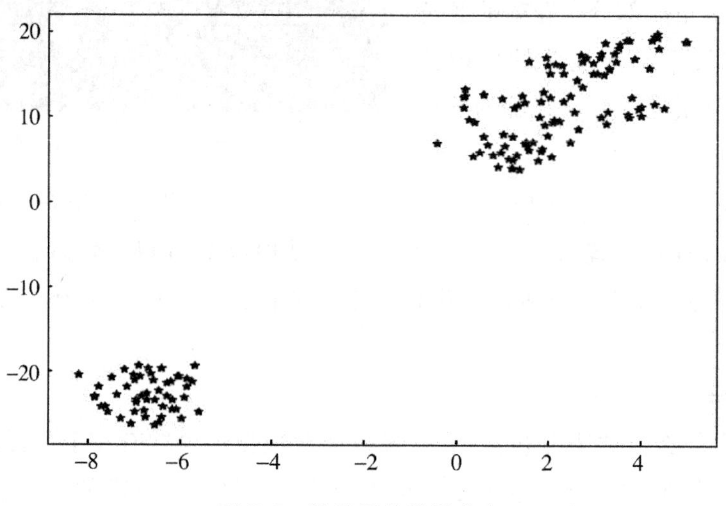

图5.5 降维后的数据分布

3. 认识 *k*-means 类

通过 k-means 类来构建一个 k-均值模型,然后利用该模型进行聚类。表5.1是 k-均值模型的相关参数和含义。

表5.1 *k*-均值模型主要参数

参数名	含义	备注
n_clusters	生成的聚类数	合理指定其值
max_iter	算法最大的迭代数	默认值300
init	质心的初始化方法	默认值为 k_means++,一种改进的选择质心方法
algorithm	采用的算法,有 auto、full 和 elkan	建议使用 auto
random_state	随机种子,取整数,可保证结果复现	一般选择一个固定整数

5.3.4 任务1——确定鸢尾花最佳的品种数 k 值

为较好地将待聚类的鸢尾花分为 k 个品种，首先要选定一个最佳的 k 值。选择轮廓系数作为观察点，来观察不同 k 值时轮廓系数的变化情况，当轮廓系数畸形程度最大时，取对应的 k 值作为最佳品种数。以下是任务 1 的完成步骤。

1. 导入相关的库及模块

因为要对鸢尾花样本数据进行聚类，在读取样本数据的基础上，除进行聚类操作外，还要计算轮廓系数和绘制轮廓系数的变化折线图。所以要通过以下代码导入相关的第三方库和模块：

```
from sklearn. cluster import KMeans
from sklearn. metrics import silhouette_score
importmatplotlib. pyplot as plt
import pandas as pd
```

2. 绘制 k 值-轮廓系数变化关系图

由图 5.5 可以看出，鸢尾花的品种数不会超过 8。因此，设定 k 的取值范围为[2,8]。在不同 k 值条件下，对样本进行聚类训练，然后计算对应的轮廓系数，最后绘制出 k 值与轮廓系数的变化关系图。实现代码如下：

```
iris_datas=pd. read_csv(r'data\iris. csv', sep=',')
sc=[]
for i in range(2,9):
  kmeans=KMeans(n_clusters=i,random_state=151). fit(iris_datas)
  #对鸢尾花样本数据 iris_datas 按 k-means 算法进行聚类训练，得到聚类结果
  score=silhouette_score(iris_datas,kmeans. labels_)
  #利用指标函数 silhouette_score 计算聚类后的轮廓系数值 score
  sc. append(score)
plt. plot(range(2,9),sc,linestyle='-')
plt. xlabel('k')
plt. ylabel('silhouette_score')
plt. show()
```

由图 5.6 所示的运行结果可以看出，聚类数 k 在 2~3 和 5~6 处的畸形变化程度最大，且在 $k=3$ 处出现明显拐点，此处的轮廓系数值也大。这与图 5.5 降维分析的结果一致，从侧面说明了聚类数 $k=3$ 时，聚类效果最佳。

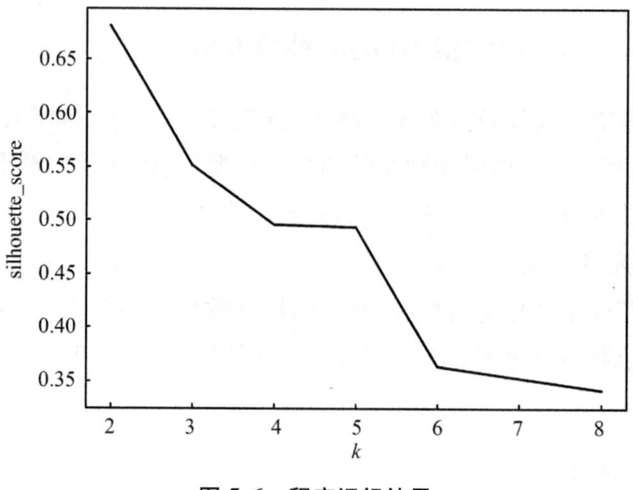

图 5.6　程序运行结果

5.3.5　任务 2——绘制鸢尾花聚类后的结果散点图

根据任务 1 的分析指出，当鸢尾花聚类数目 $k=3$ 时，聚类效果是最佳的。因此，下面将对所有样本按 $k=3$ 重新聚类，并绘制出聚类后的样本点图，以观察其聚类效果。

1. 按 $k=3$ 对鸢尾花样本数据进行聚类

鸢尾花有 4 个特征数据，取所有特征数据进行 k-means 算法训练：

```
iris_datas=pd.read_csv(r'data\iris.csv',sep=',')
kmeans3=KMeans(n_clusters=3,random_state=151).fit(iris_datas)
```

训练结束后，通过以下代码观察聚类后的簇号分布情况：

```
kmeans3.labels_
```

由图 5.7 所示的运行结果可以看出，聚类后所有样本被分为 3 个簇，其中标签号为 1 的样本有 50 个，标签号为 2 的样本有 62 个，标签号为 0 的样本共有 38 个。

```
array([1, 1, 1, 1, 1, 1, 1, 1, 1, 1, 1, 1, 1, 1, 1, 1, 1, 1, 1, 1, 1, 1,
       1, 1, 1, 1, 1, 1, 1, 1, 1, 1, 1, 1, 1, 1, 1, 1, 1, 1, 1, 1, 1, 1,
       1, 1, 1, 1, 1, 1, 2, 2, 0, 2, 2, 2, 2, 2, 2, 2, 2, 2, 2, 2, 2, 2,
       2, 2, 2, 2, 2, 2, 2, 2, 2, 2, 2, 0, 2, 2, 2, 2, 2, 2, 2, 2, 2, 2,
       2, 2, 2, 2, 2, 2, 2, 2, 2, 2, 2, 2, 0, 2, 0, 0, 0, 0, 2, 0, 0, 0,
       0, 0, 0, 2, 2, 0, 0, 0, 0, 2, 0, 2, 0, 2, 0, 0, 2, 2, 0, 0, 0, 0,
       0, 2, 0, 0, 0, 0, 2, 0, 0, 0, 2, 0, 0, 0, 2, 0, 0, 2])
```

图 5.7　聚类标签

2. 绘制聚类后样本的散点图

以下代码第 4 行、8 行、12 行和 16 行是按照鸢尾花不同的特征组合来绘制散点图，程序的运行结果如图 5.8 所示。

```
plt.rcParams['font.sans-serif'] = ['SimHei']
plt.figure(figsize=(15,8))
ax1=plt.subplot(221)
plt.scatter(iris_datas['Sepal.Length'],iris_datas['Sepal.Width'],c=kmeans3.labels_)
ax1.set_xlabel('花萼长度(a)')
ax1.set_ylabel('花萼宽度')
ax2=plt.subplot(222)
plt.scatter(iris_datas['Petal.Length'],iris_datas['Petal.Width'],c=kmeans3.labels_)
ax2.set_xlabel('花瓣长度(b)')
ax2.set_ylabel('花瓣宽度')
ax3=plt.subplot(223)
plt.scatter(iris_datas['Sepal.Length'],iris_datas['Petal.Length'],c=kmeans3.labels_)
ax3.set_xlabel('花萼长度(c)')
ax3.set_ylabel('花瓣长度')
ax4=plt.subplot(224)
plt.scatter(iris_datas['Sepal.Width'],iris_datas['Petal.Width'],c=kmeans3.labels_)
ax4.set_xlabel('花萼宽度(d)')
ax4.set_ylabel('花瓣宽度')
plt.show()
```

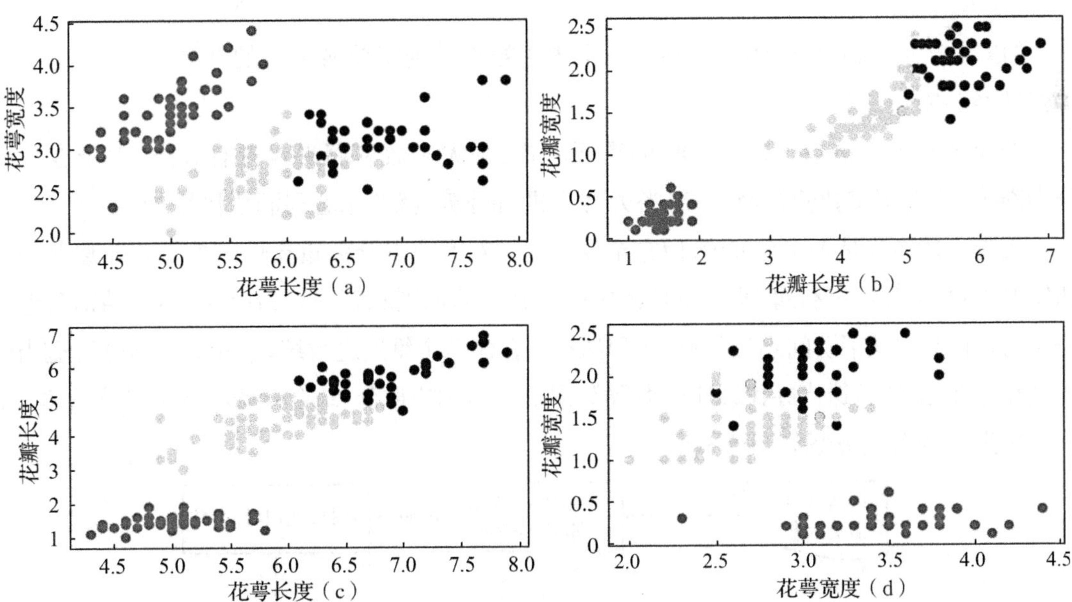

图5.8 聚类后鸢尾花样本散点图

由图 5.8 可以看出，图 b 中三类类别样本分布比较均匀，簇内紧凑，除个别样本点有混乱外，其他样本在整个空间呈现明显的聚类分布。图 c 中类与类之间界限清楚，表明聚类效果也比较好。

因此，我们不难归纳出如下结论：花瓣可能是区分鸢尾花品种的主要因素。在辨别鸢尾花品种时，用花瓣特征值或花瓣长度和花萼长度就能较好地区分它们。至此，我们成功将 150 个鸢尾花样本分为三个类别。如果事先有样本集标签，我们还可以进一步来验证聚类结果的准确率。

5.4 案例 2——电商客户分类

5.4.1 提出问题

随着信息技术的快速发展和电商市场线上消费日趋壮大，众多企业将营销重点从产品转向客户，维持良好的客户关系逐渐成为企业的核心问题。那么，如何精准区分电商系统中用户目前的状态，并根据用户群分结果采取不同的措施以保持客户黏度，是一个具有挑战性的问题。本案例将基于该场景，采用聚类分析算法对电商用户进行合理群分，并基于不同类别用户群体特征采用不同的营销措施来保持用户活跃度。

5.4.2 解决方案

"以客户为中心"的营销模式在电商世界中被提升到了前所未有的高度，这与如下的一些营销经验密切相关。

企业 80%以上的收入来自 20%的重要客户；绝大多数利润来自现有客户；由于客户群分不准确，浪费了多数营销经费；对潜力客户进行升级，就意味着利润成倍增加。

无论上述经验是否完全准确，但它至少说明了对客户群分的重要性。如果企业想获得长期发展，不断提升销售利润，就必须对客户进行有效的识别和管理。为此，我们对某知名电商公司的销售数据从消费间隔、消费频次和消费总金额三个维度进行统计，并对数据进行适当的清洗和标准化，然后迭代寻找最佳聚类数 k，最后进行用户群分，结合业务场景提供营销建议。

本案例的解决方案如图 5.9 所示。

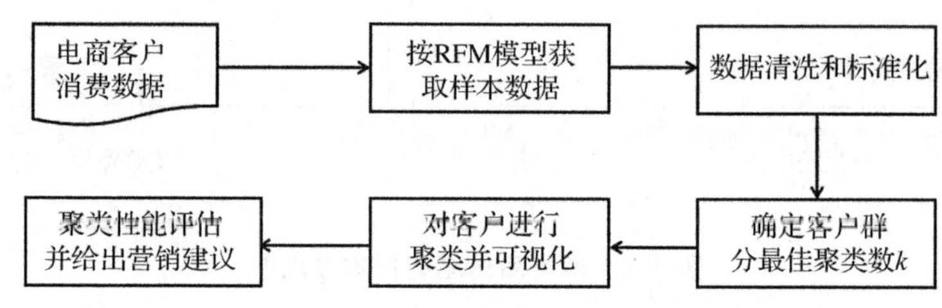

图 5.9 案例二解决方案流程

5.4.3 预备知识

1. RFM 模型介绍

客户群分就是通过客户数据来识别不同价值的客户。那么,靠什么来识别客户呢?这就要构建相应的客户评价指标。RFM 模型就是应用最广的识别客户的模型。在 RFM 模型中,最近一次消费间隔 R、消费频率 F 和消费总额 M 这三个要素是测量客户价值的重要特征。

(1) R(Recency):客户最近一次消费时间与截止时间的间隔。显然,R 值越小,即客户对即时提供的产品或服务最有可能感兴趣,倾向于或喜欢在这儿消费。

(2) F(Frequency):顾客在某段时间内所消费的次数。顾客的消费频次越高,说明客户对产品或服务的满意度越高,忠诚度也越高,这样的客户对公司而言价值也越大。

(3) M(Monetary):客户在某段时间内的消费总额。M 越大,说明客户的消费能力也越大,这也符合"20%的重要客户贡献了 80%的效益"的二八原则。对于公司来说,要尽量留住 M 大的客户,刺激消费 M 小的客户。

2. *k*-means 模型主要属性

一旦完成客户群分,往往要进一步了解不同客户群体在 R、F、M 指标上的表现。这就需要在聚类后能获取各簇质心,即各客户群体的特征值的均值向量,还有一些重要的属性,如聚类后的标签值,衡量聚类效果的惯性量等。*k*-均值模型主要属性如表 5.2 所示。

表 5.2 *k*-均值模型主要参数

属性名	含义	备注
cluster_centers_	聚类质心,表示各簇的均值	是一个 ndarray
labels_	聚类标签,表示各样本所属的簇的标记	是一个 ndarray
Inertia_	组内方差和,表示各样本到各自簇质心的距离的平方和	是一个 float 值

3. 聚类后三种鸢尾花的质心数据对比

鸢尾花经聚类后划分为三个品种,通过图形的方式可以了解各品种鸢尾花在花萼、花瓣特征上的表现,从而能总结出每个品种在四个特征上的差异。利用上述属性 cluster_centers_得到各簇的质心,然后结合雷达图的特点,绘制出三个品种鸢尾花的特征分布图,直观对比各品种鸢尾花的质心数据,如图 5.10 所示。

```
iris_datas=pd.read_csv(r'data\iris.csv',sep=',')
kmeans3=KMeans(n_clusters=3,random_state=151).fit(iris_datas)
cluster_centers=kmeans3.cluster_centers_#获取各簇的质心
feature = ['Sepal.Length', 'Sepal.Width','Petal.Length','Petal.Width']
```

```
angles=np.linspace(0,2*np.pi,len(feature), endpoint=False)
angles=np.concatenate((angles.[angles[0]]))
#定义鸢尾花的花萼长度、花萼宽度、花瓣长度、花瓣宽度在极坐标系上对应的角度坐标
plt.figure(figsize=(8,4))
ax1=plt.subplot(111, polar=True)#在子图 ax1 上按极坐标系绘制图形
i=0
for values in cluster_centers: #代码 10~13 以循环的方式依次绘制出各类质心的雷达图
    values=np.concatenate((values,[values[0]]))
    ax1.plot(angles, values, 'o-', linewidth=2,label='类'+str(i)+'质心')
    i +=1
ax1.set_thetagrids(angles * 180/np.pi, feature)    #为质心的各数据点定义标签
plt.legend()
plt.show()
```

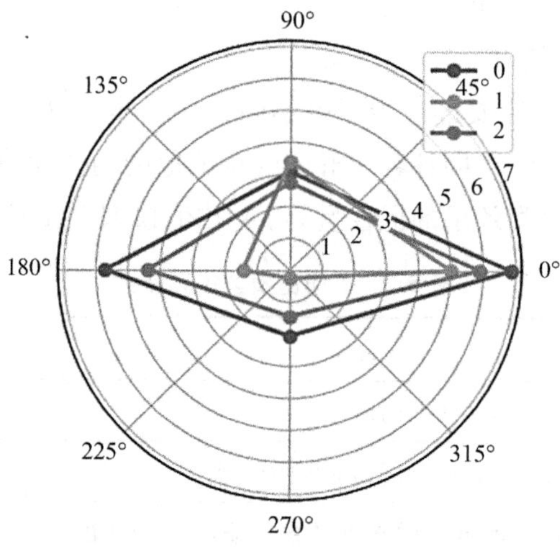

图 5.10　三个品种鸢尾花质心分布图

由图 5.10 可以看出，三个品种的鸢尾花在花萼长度、花萼宽度方面的特征差异不明显，但在花瓣长度、花瓣宽度方面的特征值有明显差异，说明不同品种鸢尾花的花瓣表现特征显著不同，基于该特征描述，就可以辨别鸢尾花的种类，该结论与案例 1 的分析结果一致。

5.4.4　任务 1——选择最佳的客户群分数目 *k* 值

下面我们根据 RFM 模型来统计出客户三个重要的特征值，对客户原始的消费记录进行汇总统计，计算出客户最近的一次消费间隔 R、近半年的消费频次 F 和消费总金额 M。这涉及数据的统计和预处理方法，在此从略，直接给出处理后的结果。对数据进行聚类分析，通

过不同 k 值的聚类性能评价指标的对比,选择最佳的客户群分数目 k,为后续的客户分群及营销对策打下基础。以下是实现步骤:

1. 清洗掉无关的数据

通过以下代码导入数据,并观察前5行数据的结构和特点,如图5.11所示。

```
from sklearn.cluster import KMeans
from sklearn import metrics
from sklearn import preprocessing
import matplotlib.pyplot as plt
import pandas as pd
kfm_datas=pd.read_csv(r'data\RFM.csv')
```

	user_id	R_days	F_times	M_money
0	1763	1	22	25900
1	1803	38	12	12290
2	2330	5	34	49514
3	3641	85	2	4419
4	3956	86	2	3368

图5.11 原始样本数据

原始样本数据中,第一列 user_id 的数据只是标识客户的编号,不能作为聚类的特征值来使用。因此,要把该列从原样本集从剔除掉,实现代码如下:

```
kfm_datas1=kfm_datas.iloc[:,1:]
```

这样,我们按索引对原始样本集进行切片,只取第一列以后的所有行数据。

2. 对数据进行标准化处理

根据图5.11可以看出,R、F、M三个特征值大小差距很大。为消除不同量纲对聚类模型的影响,加快模型计算效率,通过以下代码对样本数据进行标准化处理:

```
X=preprocessing.StandardScaler().fit_transform(kfm_datas1)
```

标准化处理后,得到新的样本数据集X。

3. 求不同 k 值下客户群分的性能指标

由于样本事先没有标注簇号,因此我们采用聚类的内部指标,即轮廓系数、CH分数和惯性方差 inertia 来评价聚类效果,代码如下。把客户按R、F、M三个特征值分别划分为3个等级，等同于最多可以将客户划分为 3×3×3 = 27 种类型，但划分太细不利于营销活动的开展和客户管理。因此，此处将客户类型个数 k 的取值范围指定在[2,9]，然后计算每个 k 值对应的聚类指标。

```
ch_score =[]  #保存 CH 分数
ss_score =[]  #轮廓系数
inertia =[]   #惯性方差值
for k in range(2,10):
    kmeans = KMeans(n_clusters=k, max_iter=1000)
    pred = kmeans.fit_predict(X)
    #对样本集 x 进行聚类，返回聚类标签保存在变量 pred 中
    ch = metrics.calinski_harabasz_score(X,pred)
    ss = metrics.silhouette_score(X,pred)
    ch_score.append(ch)
    ss_score.append(ss)
    inertia.append(kmeans.inertia_)
```

4. 绘制三个内部聚类性能指标的变化图

有了不同 k 值下客户聚类性能指标值，据此分别绘制出 CH 分数、轮廓系数 SS 和惯性方差 inertia 随 k 变化的折线图，如图 5.12 所示。然后综合观察三个性能指标的变化特征，最终确定最佳的客户群分数 k。绘制折线图的代码如下：

```
plt.figure(figsize=(10,4))
plt.rcParams['font.sans-serif'] = ['SimHei']
ax1=plt.subplot(131)     #指定在 1 行 3 列的第 1 张子图上绘图
plt.plot(list(range(2,10)),ch_score,label='CH 分数 ',c='y')
#以 k 为横坐标、CH 分数为纵坐标绘制折线图，图例标签为"CH 分数"，线条颜色为黄色
plt.legend()
ax2 = plt.subplot(132)
plt.plot(list(range(2,10)),ss_score, label=' 轮廓系数 SS',c='b')
plt.legend()
ax3 = plt.subplot(133)
plt.plot(list(range(2,10)), inertia, label=' 惯性方差 inertia',c='g')
plt.legend()
plt.show()
```

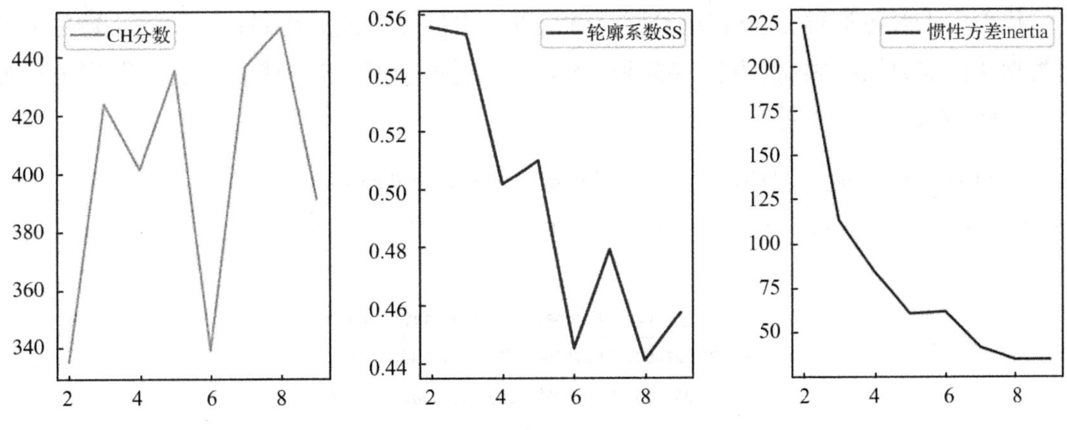

图 5.12 三个聚类性能指标随 k 的变化示意图

由图 5.12 可以看出，各性能指标的折线图在 $k=3$ 处出现明显的拐点，且 CH 分数值相对较大，轮廓系数>0.5，惯性方差也相对较小。因此，综合判断将客户群体分为 3 类是最合理的。

5.4.5 任务 2——计算三类客户的 RFM 均值

根据最佳 k 值 3 重新对客户进行聚类，根据各类的质心来了解不同客户群体在 R、F、M 三个特征上的均值情况，据此结合业务实情来辨别三个具体的客户类型，如哪类是重要客户，哪类是重要发展或挽留客户，哪类是一般或低价值客户等。根据任务目标，按照以下步骤和操作，完成任务 2。对样本数据按 $k=3$ 重新聚类，求聚类结果的质心。

1. 重新聚类

按簇类数 3 对客户进行重新聚类，得到各客户群的质心和对应的标签。因为在聚类前对原始数据进行了标准化处理，所以要对质心进行反标准化转换，得到质心的原始值，即 RFM 指标的原始平均值。代码如下：

```
kfm_datas=pd.read_csv(r'data\RFM.csv')
kfm_datas1=kfm_datas.iloc[:,1:]
stand_scaler=preprocessing.StandardScaler()
X=stand_scaler.fit_transform(kfm_datas1)
#按聚类数目 3 对客户进行聚类，迭代次数为 1000 次
kmeans = KMeans(n_clusters=3,random_state=151,max_iter=1000)
labels = pd.Series(kmeans.fit_predict(X))     #得到聚类后的各样本标签
```

2. 求质心数据

```
#对各类质心进行反标准化转换，以便得到原始数据值
centers=stand_scaler.inverse_transform(kmeans.cluster_centers_)
centers = pd.DataFrame(centers)
```

代码行 1 对各类质心进行反标准化转换,以便得到原始值。代码行 2 将质心数据由数组类型转换成数据框类型,方便观察和后续处理数据。利用以下代码对质心数据进行处理,得到结果如图 5.13 所示。

```
result=pd.concat([centers,labels.value_counts().sort_index(ascending=True)],axis=1)
result.columns = list(kfm_datas1.columns)+['counts']
```

	R_days	F_times	M_money	counts
0	79.627660	3.276596	3135.212766	94
1	11.031250	29.906250	32775.125000	32
2	36.283784	12.972973	12199.662162	74

图 5.13　各客户类型的统计数据

由图 5.13 可以看出,0 类客户平均消费时间间隔约为 79 天,在三类客户群体中该值最大,且消费频次最小,消费总金额也最少。因此,我们可以把该类客户定义为低价值一般客户。1 类客户的消费时间间隔为 11 天,远小于其他两类客户;另外,无论是他们的消费频次还是消费总金额,都远高于其他两类的消费表现。因此,我们可以把该类客户认定为重要保持客户。2 类客户各项指标居中,但整体而言,他们的消费频次和消费能力还是不错的,可以把他们认定为高价值发展客户。

5.4.6　任务 3——为三类客户提出营销建议

根据对各个客户群进行特征分析,对各类客户群进行价值排名,针对不同类型的客户群提供不同的产品或服务,以达到提升客户消费水平的目的。根据任务目标,按照以下步骤和操作,完成任务 3。分析各客户群特征,提供相应的营销建议或策略。

1. 绘制客户群的 R、F、M 指标折线图

在任务 2 的基础上,绘制出各类客户在最近一次消费时间间隔、消费频次和消费总金额方面的对比图(图 5.14),以便直观观测各类客户的消费特征和差异,为制定营销策略提供依据。实现代码如下:

```
fig = plt.figure(figsize=(10,4))
plt.rcParams['font.sans-serif']=['SimHei']
ax1= plt.subplot(131)
plt.plot(list(range(1,4)),result.R_days,c='y',label='R 指标')
plt.legend()
ax2= plt.subplot(132)
plt.plot(list(range(1,4)),result.F_times,c='b',label='F 指标')
plt.legend()
```

```
ax3 = plt.subplot(133)
plt.plot(list(range(1,4)),result.M_money,c='g',label='M 指标')
plt.legend()
plt.show()
```

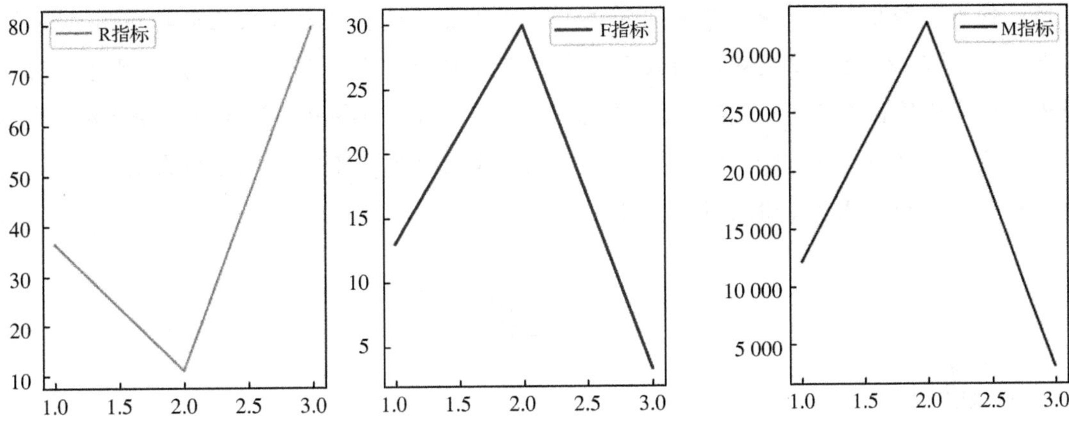

图 5.14　三类客户的 RFM 指标对比图

由图 5.14 可以看出,三类客户还是具有明显的消费差异和不同的市场价值,聚类效果显著,可以据此来开展客户管理和营销活动。

2. 提供营销建议

对三类客户进行价值排名,然后分别给出营销建议。

一般挽留客户群体价值排名第 3,该类客户 R 最大,F 和 M 均最低,说明离上次消费比较久远,属于低价值或沉默用户。建议通过短信或 E-mail 或其他方式召回或唤醒,采取一些打折促销活动来刺激他们消费。

重要保持客户群体价值排名第 1,该类客户 R 最小、F 和 M 最大,说明最近刚消费过,且近半年消费频次和消费金额都非常高,属于高忠诚度、高活跃和高付费能力的用户,是最需要重点呵护的用户,建议安排专员一对一服务。

重要发展客户群体价值排名第 2,该类客户 R、F、M 均一般,活跃度一般,消费能力一般,属于仍在活跃类型的客户,但可能极易被友商抢走。建议对这批用户多进行一些品牌上的宣传和满意度回访,开展有针对性活动刺激他们多消费,提升客户的忠诚度和满意度。

本章小结

人们很早就认识到聚类的重要性,"物以类聚,人以群分"这样的格言就是很好的佐证。

通过机器学习对鸢尾花数据集进行聚类，可以帮助人们将鸢尾花合理地分为3个品种，从而解决判断鸢尾花数据集中包含多少品种的问题。如果在聚类过程中，总能发现个别鸢尾花样本远离所有质心，那它很可能是一个新品种的鸢尾花。用聚类方法还可以帮助在其他类似的场景中预测不同的簇群。

本章只介绍了一种k-均值聚类算法，还可以尝试使用一些其他的聚类算法来解决新的问题。作为一种非常成熟和简单易用的机器学习算法，k-均值聚类算法已成功应用于销售、安全、医疗等领域，任务2就是利用该算法来分类不同的客户。需要指出的是，尽管将客户分为3类是比较合理的，但在实际业务背景下，也可以根据业务要求将客户细分为4类或更多类。另外，为保证营销活动的针对性和时效性，建议每隔一段时间就重新聚类一次，灵活使用聚类指标和合理度量聚类性能是非常重要的。

课后习题

一、填空题

1. 聚类分析是一种典型的(　　)。

2. 常见的聚类方法有(　　)、(　　)、(　　)、(　　)。

3. 聚类性能度量指标就是用于对聚类后的结果进行评判，分为(　　)和(　　)两大类。

4. 簇密度表示簇中样本的紧密程度，越紧密说明簇内样本的相似度(　　)。

5. k-均值聚类算法聚类过程中的几个关键要素要特别注意，分别是(　　)、(　　)、(　　)、(　　)。

二、选择题

1. 关于聚类说法正确的是(　　)。

A. 聚类样本一定要有标签

B. 应该将所有特征数据作为聚类依据

C. 聚类的k值可以随意指定

D. 聚类质心就是各簇群特征的平均值

2. 下列(　　)聚类性能评估指标在[-1, 1]范围内，值越接近1说明聚类效果越好。

A. CH分数　　B. DBI　　C. 轮廓系数　　D. 惯性方差

3. k-均值模型的(　　)参数能保证聚类结果复现。

A. random_state　　B. ini　　C. max_iter　　D. algorithm

4. 衡量聚类效果好坏的主要依据是(　　)。

A. 各类之间的界限明显

B. 各样本离各自质心距离之和最小

C. 类别之间的协方差越大越好

D. 同类样本紧凑，不同类样本相距远

5. 关于 RFM 模型的应用，说法错误的是(　　)。

A. R、F、M 是区分客户的 3 个重要特征

B. R、F、M 这 3 个特征是基于原始数据统计出来的

C. 在具体场景应用 RFM 模型时，可以添加其他指标

D. 案例 2 中不进行标准化处理也是可以的

三、简答题

1. 如何优化 k-均值聚类算法的模型，使得预测准确率达到最佳？

2. 在任务 1 中用 k-均值聚类算法对鸢尾花进行聚类时，有哪些办法能帮助找到最优的 k 值？

3. 在任务 2 的电商客户分类过程中，求各类客户样本的均值有何意义？

第6章

个性化推荐

随着信息技术的飞速发展和大数据时代的到来，个性化推荐系统已成为连接用户与信息（如商品、内容、服务等）的重要桥梁。作为人工智能技术的重要应用领域之一，个性化推荐不仅深刻改变了我们的消费习惯、信息获取方式，还为企业带来了前所未有的市场机遇和运营效率提升。本章将深入探讨个性化推荐的核心理论、算法分类、效果评估方法，并通过两个生动的案例，即推荐你喜爱的电影和推荐你要一起购买的商品，详细展示个性化推荐从问题提出到解决方案的全过程。让我们一同走进个性化推荐的精彩世界，领略人工智能带来的个性化服务魅力吧。

学习目标

知识目标：

1. 理解推荐系统的基本概念、发展历程及未来趋势，掌握推荐系统技术的核心原理和方法。

2. 掌握推荐系统的分类，包括基于内容的推荐算法、协同过滤算法、基于知识的推荐算法等不同类型的算法及其适用场景。

3. 深入理解推荐系统算法的基本原理和应用，如给用户推荐电影或者商品，理解推荐算法设计的原理和评价标准。

能力目标：

1. 能够概述推荐系统的发展历程：能够判断什么是好的推荐系统算法，了解推荐系统的分类，以及每个场景的不同应用。

2. 能够比较和分析不同的推荐系统算法：能够明确不同推荐系统算法的特点、优势和局限性，并根据具体问题选择合适的算法。

3. 能够了解推荐系统的应用前景：能够基于当前的技术和市场环境，初步判断推荐系统在不同应用场景的作用。

素质目标：

1. 培养创新思维和解决问题的能力，认识到“创新是第一动力”，学会独立思考、勇于探索，以创新的方法和思路应对复杂的个性化推荐问题。

2. 培养批判性思维和终身学习的意识。

3. 树立责任意识,认识到推荐系统算法对现实生活的影响,积极参与推荐系统应用和安全问题的探讨和实践。

6.1　认识个性化推荐

在研究如何设计推荐系统前,了解什么是好的推荐系统至关重要。只有了解优秀推荐系统的特征,我们才能在设计推荐系统时根据实际情况进行取舍。本章分3个步骤来回答这个问题:首先,本章将介绍什么是推荐系统、推荐算法的分类、推荐系统和分类目录以及搜索引擎的区别等;然后,本章将按照不同领域分门别类地介绍目前业界常见的个性化推荐应用;最后,本章将通过实际案例来进行实际操作,从而最终解答"什么是好的推荐系统"这个问题。

6.1.1　个性化推荐的思路

推荐系统能为人们提供个性化的智能服务。如果用户有明确的需求,可以通过商家的商品分类、指示牌、自己的搜索等方式来找寻自己的需求品。如果用户没有明确的需求,面对信息过载的情况,那就需要其他用户或者工具来帮助筛选。一个好的自动化工具可以通过分析用户的历史兴趣,从庞大的物品库里面挑选出符合用户品味的物品。这个自动化的工具就是个性化推荐系统。

如图6.1所示的推荐系统关联示意图,推荐系统的任务就是联系用户和信息,一方面帮助用户发现对自己有价值的信息,另一方面让信息能够展现在对它感兴趣的用户面前,从而实现信息消费者和信息生产者的双赢。

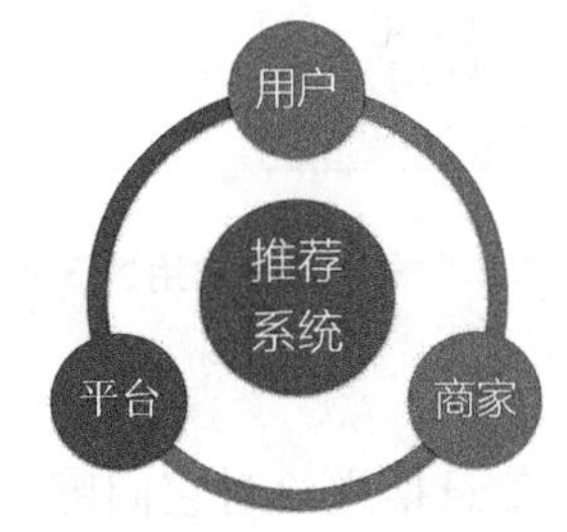

图6.1　推荐系统关联示意图

众所周知,为了解决信息过载的问题,已经有无数科学家和工程师提出了很多天才的解决方案,其中代表性的解决方案是分类目录和搜索引擎。而这两种解决方案分别催生了互联网领域的两家著名公司——雅虎和谷歌。和搜索引擎不同的是,推荐系统不需要用户提供明确的需求,而是通过分析用户的历史行为给用户的兴趣建模,从而主动为用户推荐能够满足他们兴趣和需求的信息。

要了解推荐系统是如何工作的,可以先回顾一下现实社会中用户面对很多选择时做决定的过程。仍然以看电影为例,一般来说,我们可能用如下方式决定最终看什么电影:

向朋友咨询。我们也许会打开聊天工具,找几个经常看电影的好朋友,问问他们有没有什么电影可以推荐。甚至,我们可以打开微博,发表一句"我要看电影",然后等待热心人推荐电影。这种方式在推荐系统中称为社会化推荐(Social Recommendation),即让好友给自己推荐物品。

我们一般都有喜欢的演员和导演,有些人可能会打开搜索引擎,输入自己喜欢的演员名,然后看看返回结果中还有什么电影是自己没有看过的。比如我非常喜欢周星驰的电影,于是就去豆瓣搜索周星驰,发现他早年的一部电影我还没看过,于是就会看一看。这种方式是寻找和自己之前看过的电影在内容上相似的电影。推荐系统可以将上述过程自动化,通过分析用户曾经看过的电影找到用户喜欢的演员和导演,然后给用户推荐这些演员或者导演的其他电影。这种推荐方式在推荐系统中称为基于内容的推荐(Content-Based Recommendation)。

我们还可能查看排行榜,比如著名的IMDB电影排行榜,看看别人都在看什么电影,别人都喜欢什么电影,然后找一部广受好评的电影观看。这种方式可以进一步扩展:如果能找到和自己历史兴趣相似的一群用户,看看他们最近在看什么电影,那么结果可能比宽泛的热门排行榜更能符合自己的兴趣。这种方式称为协同过滤推荐(Collaborative Filtering Recommendation)。

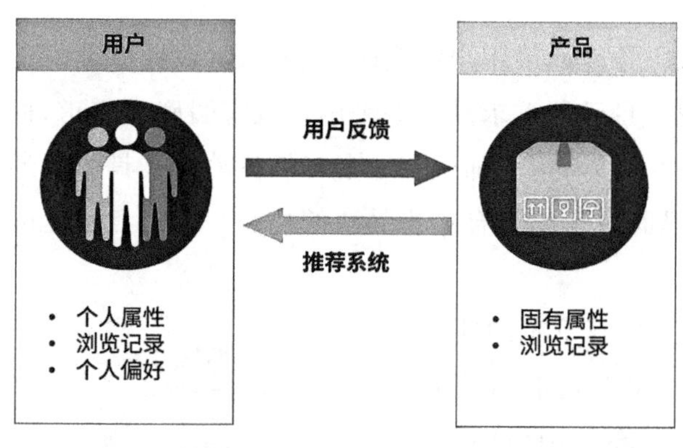

图6.2　推荐系统常用的3种联系用户和物品的方式

从上面3种方式可以看出,推荐算法的本质是通过一定的方式将用户和物品联系起来,而不同的推荐系统利用了不同的方式。图6.2展示了联系用户和物品的常用方式,比如利用好友、用户的历史兴趣记录以及用户的注册信息等。

通过这一节的讨论,我们可以发现推荐系统就是自动联系用户和物品的一种工具,它能够在信息过载的环境中帮助用户发现令他们感兴趣的信息,也能将信息推送给对它们感兴趣的用户。下一节将通过推荐系统的实际例子让大家加深对推荐系统的了解。

6.1.2　推荐算法分类

推荐算法大致可以分为四类:内容推荐算法、协同过滤推荐算法、基于知识的推荐算法和混合推荐算法。

1. 内容推荐算法

内容推荐算法的原理是为用户推荐与其曾经关注过的项目在内容上相似且用户可能会喜欢的项目,比如,你看了《哈利·波特Ⅰ》,基于内容的推荐算法发现《哈利·波特》Ⅱ~Ⅵ与你以前观看的内容有很大关联性(比如共有很多关键词),就把后者推荐给你。这种方法可以避免 Item 的冷启动问题(即若一个项目从没有被关注过,其他推荐算法则很少会去推荐,但是基于内容的推荐算法可以分析项目之间的关系,实现推荐)。其弊端在于推荐的项目可能会重复,典型的就是新闻推荐,如果你看了一则关于 MH370 的新闻,很可能推荐的新闻和你浏览过的内容一致。另外,对于一些多媒体数据(如音乐、电影、图片等),其内容特征很难提取,所以难以进行推荐。一种解决方式则是人工给这些项目打标签。

2. 协同过滤推荐算法

协同过滤推荐算法的原理基于这样一个假设,即用户会倾向于喜欢那些与他们有相似兴趣偏好的其他用户所喜欢过的商品。比如,你的朋友喜欢电影《哈利·波特Ⅰ》,那么就会推荐给你,这是最简单的基于用户的协同过滤推荐算法(User-Based Collaborative Filtering)。还有一种是基于物品的协同过滤推荐算法(Item-Based Collaborative Filtering)。这两种方法都涉及将用户的所有数据读入内存中进行运算,因此通常归类为基于内存的协同过滤推荐算法。而另一种类型的协同过滤推荐算法,则采用了更为复杂的模型和技术,包括特征模型、概率潜在语义分析、隐含狄利克雷分布、聚类、奇异值分解以及矩阵分解等。这种方法的训练过程相对较长,因为需要处理和分析大量的数据来构建模型。但是,一旦训练完成,推荐过程就会相对较快,因为模型已经能够根据用户的历史数据和偏好迅速生成推荐结果,这称为基于模型的协同过滤推荐算法。

3. 基于知识的推荐算法

也有人将这种方法归为基于内容的推荐。这种方法比较典型的是构建领域本体,或者是建立一定的规则进行推荐。

4. 混合推荐算法

融合以上方法,以加权、串联或者并联等方式进行融合,以提高推荐的准确性和多样性。

6.1.3　推荐效果评估

什么才是好的推荐系统?这是推荐系统评测需要解决的首要问题。一个完整的推荐系统一般存在 3 个参与方:用户、物品提供者和提供推荐系统的网站。以图书推荐为例:首先,推荐系统需要满足用户的需求,给用户推荐那些令他们感兴趣的图书;其次,推荐系统要让各出版社的书都能够被推荐给对其感兴趣的用户,而不是只推荐几个大型出版社的书;最后,好的推荐系统设计能够让推荐系统本身收集到高质量的用户反馈,不断完善推荐的质量,增加用户和网站的交互,提高网站的收入。因此,在评测一个推荐算法时,需要同时考虑三方的利益,一个好的推荐系统是能够令三方共赢的系统。

在推荐系统的早期研究中,很多人将好的推荐系统定义为能够作出准确预测的推荐系统。比如,一个图书推荐系统预测用户会购买《C++ Primer 中文版》这本书,而用户后来确实购买了,那么这就被看作一次准确的预测。预测准确度是推荐系统领域的重要指标(没有之一)。这个指标的好处是,它可以比较容易地通过离线方式计算出来,从而方便研究人员快速评价和选择不同的推荐算法。但很多研究表明,准确的预测并不代表好的推荐。比如说,该用户早就准备买《C++ Primer 中文版》了,无论是否给他推荐,他都准备购买,那么这个推荐结果显然是不好的。因为它并未使用户购买更多的书,而仅仅是方便用户购买一本他本来就准备买的书。那么,对于用户来说,他会觉得这个推荐结果很不新颖,不能令他惊喜。同时,对于《C++ Primer 中文版》的出版社来说,这个推荐也没能增加这本书的潜在购买人数。所以,这是一个看上去很好,但其实却很失败的推荐。举一个更极端的例子,某推测系统预测明天太阳将从东方升起,虽然预测准确率是 100%,却是一种没有意义的预测。

所以,好的推荐系统不仅仅能够准确预测用户的行为,而且能够扩展用户的视野,帮助用户发现那些他们可能会感兴趣,但却不那么容易发现的东西。同时,推荐系统还要能够帮助商家发掘并推广那些隐藏在长尾商品中的优质产品,将它们精准地介绍给可能会对其产生浓厚兴趣的潜在用户。

6.2 案例 1——推荐你喜爱的电影

6.2.1 提出问题

随着人们生活节奏的加快,在工作之余上网看电影不失为一种放松身心的方式。面对网站里琳琅满目的电影,用户自己有时也不知如何去选择。那么,是否可以利用前文所介绍的推荐算法帮助用户做出选择,让用户体验一种智能化的生活方式呢?答案显然是肯定的。其实细心的读者可能已经观察到,协同过滤在人们的日常生活中处处存在。例如:在电子商城购物时,刚刚进入商城,平台就已经根据该用户的购买记录或其他兴趣相似的用户的信息推荐物品;或者用户会时不时收到某网站推送的物品销售信息等。这些行为之所以发生,是因为幕后有一种被称为推荐算法的东西在根据用户的情况做预测,想以此达到"千人千面""个性化推荐"的效果。

下面采用基于用户的协同过滤推荐算法,找到兴趣相似的用户,向当前用户推荐可能感兴趣的电影。

6.2.2 解决方案

本次实践我们采用 ML-1M(MovieLens 1 Million Dataset)电影推荐数据集,该数据集由 GroupLens Research 从 MovieLens 网站上收集并提供,包含 600 多位用户对近 3 900 部电影的 100 万条评分数据,评分均为 1~5 的整数,其中每部电影的评分数据至少有 20 条。该数据集包含三个数据文件,分别是:存储用户属性信息的文本格式文件、存储电影属性信息的文本格式文件、存储电影评分信息的文本格式文件。

另外,为验证电影推荐的影响因素,我们从网上获取了部分电影的海报图像。现实生活中,相似风格的电影在海报设计上也有一定的相似性,比如暗黑系列和喜剧系列的电影海报风格是迥异的。所以在进行推荐时,可以验证一下加入海报后对推荐结果的影响。电影海报图像在 posters 文件夹下,海报图像的名字以“mov_id+电影 ID+. png”的方式命名。由于这里的电影海报图像有缺失,所以我们整理了一个新的评分数据文件,新文件中包含的电影均是有海报数据的。因此,本次实践使用的数据集在 ML-1M 基础上增加了两份数据,分别是包含电影海报图像的文件和存储包含海报图像的新评分数据文件。用户信息、电影信息和评分信息包含的内容分别如表 6. 1、表 6. 2、表 6. 3 所示。

表 6. 1　用户信息

用户信息	UserID（用户编号）	Gender（性别）	Age（年龄）	Occupation（职业）
样例	1	F[M/F]	1	10

表 6. 2　电影信息

电影信息	MovieID（电影编号）	Title（标题）	Genres（类型）	PosterID（海报编号）
样例	1	Toy Story（玩具总动员）	Animation|Childrens's|Comedy（动画|儿童|喜剧）	PosterID（海报编号）

表 6. 3　评分信息

评分信息	UserID(用户编号)	MovieID(电影编号)	Rating(评分)
样例	1	1193	5[1~5]

其中部分数据并不具有真实的含义,而是编号。年龄编号和部分职业编号的含义如表 6. 4 所示。

表 6. 4　年龄编号和职业编号的含义

年龄编号	职业编号
1:“Under 18” 18:“18-24” 25:“25-34” 35:“35-44” 45:“45-49” 50:“50-55” 56:“56+”	0:“other”or not specified（“其他”或未指定） 1:“academic/educator”（“学术/教育工作者”） 2:“artist”（“艺术家”） 3:“clerical/admin”（“文职/行政人员”） 4:“college/grad student”（“大学生/研究生”） 5:“customer service”（“客户服务”） 6:“doctor/health care”（“医生/医疗保健”） 7:“executive/managerial”（“高管/管理人员”）

海报对应着尺寸大约为 180 像素×270 像素的图片，每张图片尺寸稍有差别。从样例的特征数据中，可以分析出特征一共有四类。（1）ID 类特征：UserID、MovieID、Gender、Age、Occupation，内容为 ID 值，前两个 ID 映射到具体用户和电影，后三个 ID 会映射到具体分档。（2）列表类特征：Genres，每个电影有多个类别标签。如果将电影类别编号使用数字 ID 替换原始类别，特征内容是对应几个 ID 值的列表。（3）图像类特征：Poster，内容是一张 180 像素×270 像素的图片。（4）文本类特征：Title，内容是一段英文文本。

因为特征数据有四种不同类型，所以构建模型网络的输入层预计也会有四种子结构。

6.2.3 预备知识

余弦相似度算法：一个向量空间中两个向量夹角间的余弦值作为衡量两个个体之间差异的大小。余弦值接近 1，夹角趋于 0°，表明两个向量越相似；余弦值接近于 0，夹角趋于 90°，表明两个向量越不相似。

回顾一下函数的概念，我们就会发现 γ 是 a、b、c 三个变量的函数。对于同样一个角，如果三角形边长都比较长，那么 γ 的动态范围很大；如果边长很短，γ 的动态范围就很小。为了消除边长的影响，我们将用公式(6.1)表示。

$$\gamma = \frac{a^2 + b^2 - c^2}{2ab} \tag{6.1}$$

可以证明，这样计算出的 b 的动态范围就在-1 和+1 之间。如果 $\gamma = -1$，那么夹角最大，就是 180°；如果 $\gamma = 0$，就是 90°；如果 $\gamma = 1$，就是 0°。事实上 γ 就等于夹角的余弦函数值。这样一来，我们就从勾股定理出发，建立了角度判定因子 γ 和具体角度之间的关系，这种关系就是余弦定理，通常余弦定理用公式(6.2)表述。

$$\cos C = \frac{a^2 + b^2 - c^2}{2ab} \text{或者} c^2 = a^2 + b^2 - 2ab \cdot \cos C \tag{6.2}$$

有了余弦定理后，我们会发现勾股定理其实是余弦定理在直角情况下的特例。当然，换一个角度来看，余弦定理是勾股定理的扩展。

有了余弦定理，我们就能够通过三角形的三条边的边长，计算它的任意一个内角。对于两个向量来讲，如果我们把它们的起点放到原点，那么原点和这两个向量终点构成一个三角形。余弦定理如图 6.3 所示。

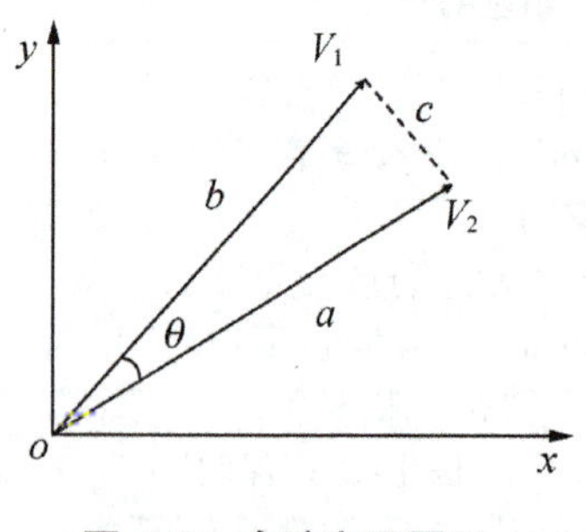

图 6.3　余弦定理图示

这个三角形的三条边显然是确定的，由此我们可以用余弦定理公式算出两个向量的夹角 θ。

值得一提的是，$a^2 + b^2 - c^2$ 恰好等于 a 和 b 两个向量的点积 $\langle a,b \rangle$ 的两倍，将它代入余弦定理公式就能得到 $\cos C = \frac{\langle a,b \rangle}{||a|| \cdot ||b||}$。

6.2.4　任务 1——合并电影基本信息和评分记录

数据处理就是将人类容易理解的图像文本数据，转换为机器容易理解的数字形式，把离散的数据转为连续的数据。在推荐算法中，这些数据处理方法也是通用的。本次实验中，数据处理一共包含六步，流程如图 6.4 所示，依次读取用户数据、电影数据、评分数据、海报数据，并存储到字典中；然后将各个字典中的数据拼接，形成数据读取器；最后划分训练集和验证集，生成迭代器，每次提供一个批次的数据。

1. 用户数据处理

用户数据文件 user. dat 中的数据格式为：UserID::Gender::Age::Occupation::. Zip-code，存储形式如图 6.5 所示。

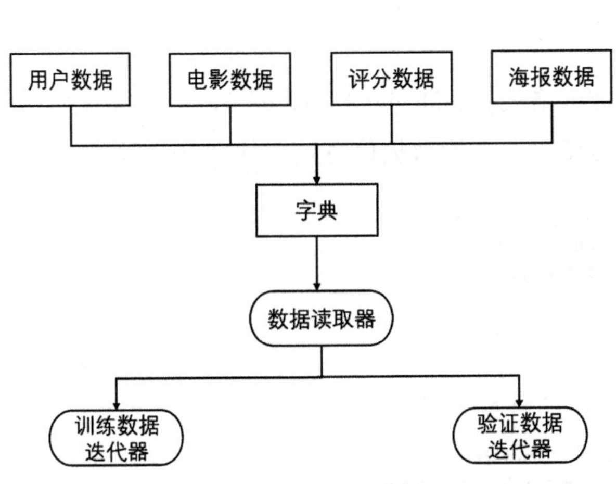

图 6.4　数据处理流程图

```
1::F::1::10::48067
2::M::56::16::70072
3::M::25::15::55117
4::M::25::20::02460
5::M::25::20::55455
6::F::50::9::55117
7::M::35::1::06810
8::M::25::12::11413
9::M::25::17::61614
10: :F::35::1::95370
11::F::25: :1::04093
12::M::25::12::32793
13::M: : 45::1::93304
14::M::35::0::60126
15::M::25::7::22903
16::F::35::0::20670
```

图 6.5　用户数据存储形式

首先，读取用户信息文件中的数据：

```
import numpy as np
usr_file = "./work/ml-1m/users.dat"
#打开文件，读取所有行到 data 中
with open(usr_file, 'r') as f:
    data = f.readlines()
#打印 data 的数据长度、第一条数据、数据类型
print("data 数据长度是:", len(data))
print("第一条数据是:", data[0])
print("数据类型:", type(data[0]))
```

接下来把用户数据的字符串类型的数据转成数字类型，并存储到字典中，实现如下：

```
usr_info = f
max_usr_id = 0
for item in data:
    item = item.strip().split(" : :")
    usr_id = item[0]
    usr_info[usr_id] = {
        "usr_id": int(usr_id),
        "gender": gender2num(item[1]),
        "age": int(item[2])
}
    max_usr_id = max(max_usr_id, int(usr_id))
print("用户 ID 为 3 的用户数据是:", usr_info['3'])
```

2. 电影数据处理

电影信息包含在 movies. dat 中,数据格式为: MovieID::Title::Genres,保存的格式与用户数据相同,每一行表示一条电影数据信息。电影数据信息展示如图 6.6 所示。

```
1: :Toy Story (1995): :Animation | children's|Comedy
2: :Jumanji (1995) : :Adventure|children 's |Fantasy
3: : Grumpier old Men (1995): : ComedyI Romance
4: :Waiting to Exhale ( 1995): :comedy IDrama
5: :Father of the Bride Part II(1995) : : comedy
6: :Heat (1995): :Action|Crime |Thriller
7::Sabrina ( 1995): : Comedy |Romance
8: :Tom and Huck ( 1995) : :Adventure|Children's
9: : Sudden Death ( 1995): :Action
10::GoldenEye (1995): :Action [Adventure | Thriller
11 : :American President,The (1995): :Comedy| Drama | Romance
12::Dracula: Dead and Loving It (1995) ::Comedy | Horror
13: :Balto ( 1995): :Animation [Children's
14::Nixon ( 1995) : :Drama
15::Cutthroat Island (1995) : :Action |Adventure |Romance16::Casino (1995): :Drama |Thriller
```

图 6.6　电影数据信息展示

首先,读取电影信息文件里的数据。需要注意的是,电影数据的存储方式和用户数据不同,在读取电影数据时,需要指定编码方式为“ISO-8859-1”。

```
movie_info_path = "./work/m1-1m/movies.dat"
with open(movie_info_path, "r", encoding = "ISO-8859-1") as f:
    data = f.readlines()
item = data[0]
print(item)
item = item.strip().split(" : :")
print("movie ID:", item[0])
```

```
print("movie title:", item[1][:-7])
print("movie year:", item[1][-5:-1])
print("movie genre:", item[2].split("|"))
```

接着，要对这些数据进行如下处理：(1)统计电影 ID 信息。(2)统计电影名字的单词，并给每个单词一个数字序号。(3)统计电影类别单词，并给每个单词一个数字序号。(4)保存电影数据到字典中，方便根据电影 ID 进行索引。

3. 评分数据处理

有了用户数据和电影数据后，还需要获得用户对电影的评分数据，ML-1M 数据集的评分数据在 ratings.dat 文件中。评分数据格式为 UserID::MovieID::Rating::Timestamp，如图 6.7 所示。

```
1::1193::5::978300760
1::661::3::978302109
1::914::3::978301968
1::3408::4::978300275
1::2355::5::978824291
1::1197::3::978302268
1::1287::5::978302039
1::2804::5::978300719
1::594::4::978302268
1::919::4::978301368
1::595::5::978824268
1::938::4::978301752
1::2398::4::978302281
1::2918::4::978302124
1::1035::5::978301753
1::2791::4::978302188
```

图 6.7　电影评分数据展示

这份数据很容易理解，如 1:1193::5::978300760 表示 ID 为 1 的用户对电影 ID 为 1193 的评分是 5。

接下来，读取评分文件里的数据：

```
use_poster = False
if use_poster:
    rating_path = "./work/ml-1m/new_rating.txt"
else:
    rating_path ="./work/ml-1m/ratings.dat"
#打开文件，读取所有行到 data 中
with open(rating_path, 'r') as f:
    data = f.readlines()
#打印 data 的数据长度，以及第一条数据中的用户 ID、电影 ID 和评分信息
item = data[0]
print(item)
item = item.strip().split("::")
usr_id, movie_id, score = item[0], item[1], item[2]
print("评分数据条数:", len(data))
print("用户 ID:", usr_id)
print("电影 ID:", movie_id)
print("用户对电影的评分:", score)
```

从以上统计结果来看，一共有 1 000 209 条评分数据。电影评分数据不包含文本信息，

可以将数据直接存到字典中。下面我们将评分数据封装到 get_rating_info( ) 函数中，并返回评分数据的信息。

```
def get_rating_info(path):
    #打开文件，读取所有行到 data 中
    with open(path, 'r') as f:
        data = f.readlines()
    #创建一个字典
    rating_info = {}
    for item in data:
        item = item.strip().split("::")
        #处理每行数据，分别得到用户 ID、电影 ID 和评分
        usr_id, movie_id, score = item[0], item[1], item[2]
        if usr_id not in rating_info.keys():
            rating_info[usr_id] = {movie_id: float(score)}
        else:
            rating_info[usr_id][movie_id] = float(score)
    return rating info
#获得评分数据
rating_path = "./work/ml-im/ratings.dat"
rating_info = get_rating_info(rating_path)
print("ID 为 1 的用户一共评价了{}个电影".format(len(rating_info['1'])))
```

6.2.5 任务2——找到与某个用户最相似的 *n* 个用户

经过上面的数据清洗，基本上得到系统需要的数据。现在，根据这些数据，对于给定的一部电影，将推荐5部电影。可以将推荐过程分为召回和过滤部分。召回阶段，将从所有电影中选出40部电影。过滤阶段，从这40部电影中，进一步筛选出5部电影作为最终推荐。在召回阶段，通过考虑电影的类别信息、导演信息、主演信息和内容的关键词信息，构建特征，通过计算给定特征下电影间的相似度，推出最相似的40部电影。在过滤阶段，我们进一步考虑电影的年份信息、评分信息、流行度信息等，对电影进行进一步打分。具体地，对于年份越接近的电影，系统给的分越高；评分越高的电影，系统给的分越高；流行度较低但是评分较高的电影，系统给的分越高。根据上述推荐原则，构建出一个推荐系统。

6.2.6 任务3——给某个用户推荐前 *m* 部电影

使用具体例子来测试一下该推荐系统的效果，测试推荐结果是否符合逻辑。这里以推荐电影为例，当点击了电影《阿凡达》后，系统推荐的结果如下所示：

```
[ "Captain America: The Winter Soldier ",
"Treasure Planet",
"Star Trek Into Darkness",
"Titan A. E. ",
"Ender's Game"]
```

(1) *Captain America: The Winter Soldier*(《美国队长2》,2014),豆瓣评分8.0,看过的同学应该比较清楚,都是很经典的科幻冒险动作片。

(2) *Treasure Planet*(《星银岛》,2002),豆瓣评分7.9,其实阅读评论发现对这部电影评价很高,同样是一部很好的科幻冒险片。

(3) *Star Trek Into Darkness*(《星际迷航2:暗黑无界》,2013),豆瓣评分8.0,同样是一部经典的科幻冒险动作片。

(4) *Titan A. E.* (《冰冻星球》,2000),豆瓣评分6.8,是一部科幻冒险动画片,获过多个大奖,是一部不错的电影。

(5) *Ender's Game*(《安德的游戏》,2013),豆瓣评分7.1,是一部科幻冒险动作类电影,并获得了2014年第40届土星奖最佳科幻电影提名。

可以看到,当用户看完《阿凡达》电影后,系统将会推荐上面5部电影。其内容、风格与《阿凡达》的相似度较高,由此可以得出结论,该推荐结果是比较恰当的。总体来看系统是达到预期效果的,系统推荐经典的高评分相似电影,除了当今热门电影外,还有一些属于冷门经典的,这正是我们期待的效果。

6.3 案例2——推荐你要一起购买的商品

6.3.1 提出问题

当顾客走进一家实体卖场或进入一个在线商店时,商家该如何向他推荐商品呢?或者,作为一个卖场的管理者,该如何根据顾客已购买的商品类型,向他兜售关联的商品呢?假设卖场想搞一次商品促销活动,如何知道哪些捆绑商品往往是顾客喜欢的?进一步,为方便顾客购买,提升顾客消费体验,又该如何对卖场的商品摆放布局进行重新调整呢?这些问题的本质,实际上就是要从大量(或者海量)的商品销售记录中,发现新的顾客购买模式。例如,一些记录显示,多数顾客在购买咖啡时,往往会顺便购买一份甜点,那么商家为了增加利润,通常会将甜点放在离咖啡更近的地方。

下面将根据一家卖场的购物清单历史数据,利用关联规则技术分析众多购物行为中可能隐藏的购买模式,为商家的精准促销和优化销售策略提供依据。

6.3.2 解决方案

观察购物清单历史数据会发现,每条购物记录所包含的商品种类是不一样的,有的顾客一次购买了2件商品,有的顾客一次购买了3件商品等,这些数据不像前文使用过的数据那么规范。因此,首先要进行数据的准备和处理,将购物清单中的商品按照表6.5的格式进行整理。

表6.5 购物清单中的商品分布情况

商品1名称	商品2名称	…	商品 n 名称
1	0	0	1
…	…	…	…
0	1	0	0

表6.5中1表示某商品出现在某次购物清单中,0表示没有出现。这样就形成了一个可反映所有种类商品在购物清单中是否出现过的矩阵,方便后续的计算。然后利用Apriori算法对矩阵数据进行统计,计算出频繁项集。最后按照业务和实际情况筛选出一些强关联规则,用于向顾客推荐他可能要购买的一些商品。

6.3.3 预备知识

1. 事务型数据

购物清单数据与一般的数据有一些区别,如每一条购物记录长短不一、商品有先后次序等,把这种特征值有先后次序、作为一个整体行为产生的数据称为事务型数据。在机器学习的扩展库mlxtend中,提供了事务编码类,方便对二维矩阵进行事务编码(即One-Hot编码),mlxtend按照表6.6所示的格式来记录每次消费在商品矩阵中的编码情况。用True表示购买此商品,False表示没有购买此商品。

表6.6 购物清单

清单号	购买的商品
1	牛奶、洋葱、鸡蛋、酸奶
2	洋葱、猪肉、芸豆
3	牛奶、苹果、芸豆、鸡蛋
4	玉米、洋葱、芸豆、冰淇淋、鸡蛋

将下列格式的数据转换成事务型数据。

(1) 引例描述

购物清单如表6.6所示,可通过代码把它转换成事务型数据。

(2) 引例分析

利用事务编码类,创建一个以商品名称为字段名、一次购物记录为一行的矩阵。如果某商品出现在该记录中,则在商品列对应的单元中填充1或True,否则填充0或False。

(3) 引例实现

在cmd命令窗口下执行如下命令,以安装机器学习扩展库mlxtend:

```
pip3 install mlxtend
```

安装好mlxtend后,就可以编码实现本引例任务。实现的代码(case6-2.ipynb)如下:

```
1: import numpy as np
2: from mlxtend.preprocessing import TransactionEncoder
3: record=[['牛奶','洋葱','鸡蛋','酸奶'],['洋葱','猪肉','芸豆'],
4:         ['牛奶','苹果','芸豆','鸡蛋'],['玉米','洋葱','芸豆','冰淇淋','鸡蛋']]
5: te_Encoder = TransactionEncoder()
6: te_array = te_Encoder.fit(record).transform(record)
7: print(te_Encoder.columns)
8: print(te_array)
```

代码行2导入事务编码函数类TransactionEncoder,代码行6利用事务对象te_Encoder对购物清单记录按One-Hot编码进行转换,得到二维数组变量te_array;随后的代码行7~8分别输出特征值名和对应的数值。转换后的矩阵如图6.8所示。

```
['冰淇淋','洋葱','牛奶','猪肉','玉米','芸豆','苹果','酸奶','鸡蛋']
[[False True True False False False False True True]
[False True False True False True False False False]
[False False True False False True True False True]
[True True False False True True False False True]]
```

图6.8 购物清单

由图6.8可以看出,这个矩阵的列数正好是购物清单中出现的9类不同的商品,矩阵的行数也正好对应4次购物。矩阵中元素值True较少,如果购物记录次数足够多,但商品种类相对较少,可以想象这个矩阵中的True会非常少,把这种类型的矩阵称为稀疏矩阵(Sparse Matrix)。稀疏矩阵实际上是在内存中没有存储完整的矩阵,只存储了元素值True所占用的单元,这就使得该结构的内存效率远比一个大小相等的普通矩阵的内存效率高。

2. frequent_patterns模块的主要函数

frequent_patterns模块中包含apriori函数和关联规则函数association_rules,它们的功能及参数说明如表6.7所示。

表 6.7　函数功能及参数说明

函数名	参数说明	函数功能
apriori(df, min_support=0.5, use_colnames=False, max_len=None)	df：数据源； use_colnames：返回结果是否要带字段名； max_len：指定频繁 k-项集的最大值	计算频繁项集
association_rules(df, metric='confidence', min_threshold=0.8, support_only=False)	df：频繁项集； metric：关联规则计算方式； min_threshold：最小度量值； support_only：仅计算有支持度的项集	计算关联规则

计算购物清单中的频繁项集和关联规则。

（1）引例描述

按最小支持度为 0.5、最小置信度为 0.6 来计算表 6.7 购物清单中的频繁项集和关联规则。

（2）引例分析

将购物清单记录按 One-Hot 编码进行转换，得到二维数组变量 te_array 并将数组变量转换成数据框类型，然后利用 apriori 函数和 association_rules 函数分别计算频繁项集和关联规则即可。

（3）引例实现

实现的代码如下：

```
1: from mlxtend.frequent_patterns import apriori
2: from mlxtend.frequent_patterns import association_rules
3: df_datas = pd.DataFrame(te_array, columns = te_Encoder.columns)
4: freq-item=apriori(df_datas, min_support = 0.5, use_colnames = True)
5: rules=association_rules(freq_item, min_threshold = 0.6)
```

代码行 1~2 分别导入模块 apriori 和 association_rules；代码行 3 将事务型数据转换成数据框类型，以方便后续的计算；代码行 4~5 分别计算频繁项集和关联规则。

频繁项集 freq_item 的内容如图 6.9 所示。

	support(规则支持度)	itemsets(项集)
0	0.75	(洋葱)
1	0.50	(牛奶)
2	0.75	(芸豆)
3	0.75	(鸡蛋)
4	0.50	(洋葱,芸豆)
5	0.50	(鸡蛋,洋葱)
6	0.50	(鸡蛋,牛奶)
7	0.50	(鸡蛋,芸豆)

图 6.9　频繁项集 freq_item

由图6.9可以看出，相对而言，洋葱、芸豆和鸡蛋比较受顾客欢迎。(洋葱，芸豆)、(鸡蛋，洋葱)、(鸡蛋，牛奶)和(鸡蛋，芸豆)也常被顾客一起购买，但两者之间是否有关联、前者是否会影响后者的销售，还需做进一步的关联规则分析。

计算出的关联规则的内容如图6.10所示。其中，antecedents为规则先导项，consequents为规则后继项，antecedent support为规则先导项支持度，consequent support为规则后继项支持度，support为规则支持度，confidence为规则置信度，lift为规则提升度，leverage为规则杠杆率，conviction为规则确信度。

	antecedents	consequents	antecedent support	consequent support	support	confidence	lift	leverage	conviction
0	(洋葱)	(芸豆)	0.75	0.75	0.5	0.666 667	0.888 889	0.062 5	0.75
1	(芸豆)	(洋葱)	0.75	0.75	0.5	0.666 667	0.888 889	0.062 5	0.75
2	(鸡蛋)	(洋葱)	0.75	0.75	0.5	0.666 667	0.888 889	0.062 5	0.75
3	(洋葱)	(鸡蛋)	0.75	0.75	0.5	0.666 667	0.888 889	0.062 5	0.75
4	(鸡蛋)	(牛奶)	0.75	0.75	0.5	0.666 667	0.888 889	0.125 0	1.50
5	(牛奶)	(鸡蛋)	0.75	0.75	0.5	1.000 000	1.333 333	0.125 0	inf
6	(鸡蛋)	(芸豆)	0.75	0.75	0.5	0.666 667	0.888 889	-0.062 5	0.75
7	(芸豆)	(鸡蛋)	0.75	0.75	0.5	0.666 667	0.888 889	-0.062 5	0.75

图6.10 关联规则

尽管得到图6.10所示的8条关联规则，但只有关联规则4和5的提升度大于1，为有效关联规则。将这两条关联规则相比较，规则{牛奶，鸡蛋}的置信度为1，更值得推荐，说明顾客在买牛奶的同时，基本都会拿上一些鸡蛋。因此，将这两者捆绑促销或放置在一起售卖是合理的。

6.3.4 任务1——将CSV文件数据转换为事务型数据

要分析的购物清单历史数据保存在文件groceries.csv中，该文件是某卖场一个月内所有顾客的购物记录。文件中每个购物清单所包含的商品种类是不一样的，即每行数据的特征值个数不同，那就不能利用pandas的read_csv方法来读取数据。一种可行的方法是采用csv模块来逐行读取文件，将它们放在一个列表中，然后利用前文所介绍的事务编码方法，将原始数据集最终转换成事务型数据。新建文件6-3_task.ipynb，将groceries.csv文件所包含的购物记录转换成事务型数据，方便进行后续的关联规则分析。

1. 将文件数据保存到列表中

因为在对购物清单进行事务编码时，要求源数据类型是列表类型，因此采用csv模块读取文件数据，将每行数据作为一个元素保存到一个列表中。实现代码如下：

```
import numpy as np
import csv
ls_data = [ ]
```

```
4: with open(r'./data/groceries.csv', 'r') as f:
5:     reader = csv.reader(f)
6:     for row in reader:
7:         ls_data.append(row)
```

代码行 2 导入处理 CSV 类型文件的 csv 模块,代码行 4~7 打开 groceries.csv 文件,进行文件读取操作,将逐行取出的数据保存到列表 ls_data 中,这样就可将原文件数据保存到一个列表中。

2. 对列表数据进行事务编码处理

导入相应的第三方库及模块,对列表 ls_data 进行事务编码处理。实现代码如下:

```
1: import pandas as pd
2: from mlxtend.preprocessing import TransactionEncoder
3: te = TransactionEncoder()
4: te_array = te.fit(ls_data).transform(ls_data)
5: df = pd.DateFrame(te_array, columns = te.columns_)
```

代码行 4 按 One-Hot 编码进行训练和转换,将列表 ls_data 的数据转换成事务型数据,并在代码行 5 将其再转换成数据框类型的数据,以方便后续利用 Apriori 算法处理数据。

执行上述代码后,执行代码 df.describe()来了解购物清单历史数据的概要情况,运行结果如图 6.11 所示。

	Instant Food Products(食品类别)	UHT-milk(超高温灭菌牛奶)	abrasive leaner(研磨清洁剂)	artif. sweetener(人工甜味剂)	baby cosmetics(婴儿护肤品)	baby food(婴儿食品)	bags(袋装)	baking powder(泡打粉)	bathroom cleaner(浴室清洁剂)	beef(牛肉)	…
Count(交易次数)	9 835	9 835	9 835	9 835	9 835	9 835	9 835	9 835	9 835	9 835	…
Unique(唯一取值)	2	2	2	2	2	2	2	2	2	2	
Top(频数最高)	False	False	False	False	False	False	False	False	False	False	…
Freq(频率)	9 756	9 506	9 800	9 803	9 829	9 834	9 831	9 661	9 808	9 319	…

4 rows×169 columns(4 行×169 列)

图 6.11 购物清单历史数据

由图 6.11 可以看出，购物清单中共有 169 种不同的商品，交易次数是 9 835。每列商品的唯一取值只有两种（False 或 True），每次购物没有被购买（False）的商品占绝大多数（Top，即频数最高）。在所有购物记录中，每种商品出现的频率统计（Freq）见图 6.11 的最后一行。

6.3.5　任务 2——找出购物清单中频繁被购买的商品

根据任务 1 将原始数据转换成事务型数据后，就可以进一步利用前文学习过的 Apriori 算法找出频繁项集，看哪些商品频繁出现在顾客的购物清单中。那么如何指定相对合理的最小支持度呢？只要找到合理的最小支持度初值，就可以采用逐步试验的方法最终发现频繁项集。

1. 确定合理的最小支持度

通过前文的学习已经了解到，最小支持度实际就是某些商品频繁出现在购物清单中的最低购买比例，它反映了商品在交易中的最低重要性。不妨先了解一下一种商品平均被购买的概率，并结合购物的具体情况，去尝试设定最小支持度值。结合商品分布情况，利用如下代码，可以计算出 30 天内一种商品平均被购买的概率：

```
1: mean_supp = 1-np.mean((df.describe()).loc['freq',:])/9835
2: print('一种商品平均被购买的概率:', mean_supp)
```

代码行 1 先计算出所有商品没有被购买的平均次数，然后除以总购买次数 9835，得到商品没有被购买的概率，最后用 1 减去这个值，得到一种商品平均被购买的概率，也就是商品的平均支持度。运行结果如下：

```
一种商品平均被购买的概率: 0.026091455765696048
```

也就是说，一种商品每天被购买的次数为 $0.02609 \times 9835/30 \approx 8.6$ 次。说明以这个频次被购买的商品是值得去发现其中可能会隐藏的一些规则的，所以尝试设定最小支持度为 0.02。

2. 找出频繁项集

由于暂时只想了解两种商品之间的规则，因此设定 max_len=2，以消除 3 种及以上商品频繁项集带来的影响。代码如下：

```
1: freq_item = apriori(df, min_support=0.02, max_len=2, use_colnames=True)
2: freq_item.sort_values(by='support', axis=0, ascending=False)
```

代码行 1 求出的频繁项集 freq_item 在代码行 2 中按支持度进行排序，结果如图 6.12 所示。

	support(规则支持度)	itemsets(项集)
57	0.255 516	(whole milk)(全脂牛奶)
39	0.193 493	(other vegetables)(其他蔬菜)
43	0.183 935	(rolls/buns)(面包卷/小圆面包)
49	0.174 377	(soda)(苏打水)
58	0.139 502	(yogurt)(酸奶)
…	…	…
75	0.020 539	(whole milk, frankfurter)(全脂牛奶,法兰克福香肠)
76	0.020 437	(whole milk, frozen vegetables)(全脂牛奶,冷冻蔬菜)
96	0.020 437	(tropical fruit, pip fruit)(热带水果,仁果类水果)
60	0.020 437	(whole milk, bottled beer)(全脂牛奶,瓶装啤酒)
67	0.020 031	(other vegetables, butter)(其他蔬菜,黄油)
120 rows×2 columns(120 行×2 列)		

图 6.12　频繁项集 1

由图 6.12 可以看出,共有 120 个频繁项集。全脂牛奶是最受顾客欢迎的,其次是其他蔬菜等。哪两种商品是频繁一起被购买的呢?通过下列代码可以筛选出它们:

```
freg_item.loc[freg_item['itemsets'].str.len()>1].sort_values(by='support', axis = 0, ascending=False)
```

频繁项集 2 如图 6.13 所示。

	support(规则支持度)	itemsets(项集)
91	0.074 835	(other vegetables, whole milk)(其他蔬菜,全脂牛奶)
103	0.056 634	(other vegetables, rolls/buns)(其他蔬菜,面包卷/小圆面包)
119	0.056 024	(whole milk, yogurt)(全脂牛奶,酸奶)
106	0.048 907	(root vegetables, whole milk)(根茎类蔬菜,全脂牛奶)
85	0.047 382	(root vegetables, other vegetables)(根茎类蔬菜,其他蔬菜)
…	…	…
75	0.020 539	(frankfurter, whole milk)(法兰克福香肠,全脂牛奶)
96	0.020 437	(tropical fruit, pip fruit)(热带水果,仁果类水果)
60	0.020 437	(whole milk, bottled beer)(全脂牛奶,瓶装啤酒)
76	0.020 437	(whole milk, frozen vegetables)(全脂牛奶,冷冻蔬菜)
67	0.020 031	(other vegetables, butter)(其他蔬菜,黄油)
61 rows × 2columns (61 行×2 列)		

图 6.13　频繁项集 2

由图 6.13 可以看出，频繁项集 2 共有 61 个，其中其他蔬菜与全脂牛奶一起被购买的概率约为 7.5%，其他商品（全脂牛奶、面包卷/小圆面包）也常被顾客一起购买。至此，可以知道单种商品或两种商品的销售情况。

6.3.6　任务 3——提取有用的销售关联规则

在任务 2 中找出了一些频繁项集，知道了哪种商品是顾客相对喜欢的，以及哪两种商品是顾客偏好一起购买的。尽管这些信息有一定的商业价值，但对于商家来说，他们可能更关心如何能够从这些信息中发现某些销售关联规则和商业购买模型，以指导他们更好地调整或开展商业活动。因此，可以指定合理的最小置信度，利用关联规则方法找出令人感兴趣的销售关联规则。

1. 挖掘出一些关联规则

多数顾客同时购买两种商品是否是一种常见现象？商品之间是否存在一些必然的联系呢？这需要做进一步的分析。

尽管前文已经找出了一些频繁项集，但两种商品一起出现的可能性有多大？它们之间是否存在一些购买模式或者关联规则呢？为此，利用以下代码来获取一些关联规则：

```
rules = association_rules(freq_item, min_threshold = 0.5)
rules.sort_values(by = 'confidence', axis = 0, ascending = False)
```

执行上述代码后，没有得到任何关联规则，说明设定的最小置信度 0.5 过高，需要降低置信度的阈值。尝试将最小置信度设定为 0.25，重新执行上述代码，产生的部分关联规则如图 6.14 所示。

2. 关联规则分析和评估

图 6.14 所示的关联规则是按置信度降序排列的，前 13 条关联规则的提升度均大于 1。这说明这些关联规则所涉及的两种商品是有关联的，前一种商品的销售是会影响后一种商品的销售的。观察编号为 6 的关联规则：{黄油}→{全脂牛奶}。该关联规则的置信度最高（约等于 0.5），提升度约为 2，说明在买黄油的顾客中，有一半的人同时购买了全脂牛奶，这符合顾客吃早餐时用黄油涂抹面包和饮用全脂牛奶的饮食搭配习惯。编号为 22 的关联规则也同样符合人的一般饮食习惯（根茎类蔬菜与绿叶蔬菜常一起食用），而关联规则 10 {凝乳/奶渣}→{全脂牛奶}就相对有点令人费解，它可能是顾客的早餐和午餐所需食物的一种购买搭配。

在这些关联规则中，哪些是有用的？哪些的商业价值不大？哪些其实就是一类事实的重现？这些问题都需要做深刻的分析。一种常见的方法是将关联规则分类处理，然后探寻它们可能隐藏的有价值的信息。

	antecedents（规则先导项）	consequents（规则后继项）	antecedent support（规则先导项支持度）	consequent support（规则后继项支持度）	support（规则支持度）	confidence（规则置信度）	lift（规则提升度）	leverage（规则杠杆率）	conviction（规则确信度）
6	butter（黄油）	whole milk（全脂牛奶）	0. 055 414	0. 255 516	0. 027 555	0. 497 248	1. 946 053	0. 013 395	1. 480 817
10	curd（凝乳/奶渣）	whole milk（全脂牛奶）	0. 053 279	0. 255 516	0. 026 151	0. 490 458	1. 919 481	0. 012 517	1. 461 085
12	domestic eggs（国产鸡蛋）	whole milk（全脂牛奶）	0. 063 447	0. 255 516	0. 029 995	0. 472 756	1. 850 203	0. 013 783	1. 412 030
40	whipped/sour cream（搅打奶油/酸奶油）	whole milk（全脂牛奶）	0. 071 683	0. 255 516	0. 032 232	0. 449 645	1. 759 754	0. 139 16	1. 352 735
35	root vegetables（根茎类蔬菜）	whole milk（全脂牛奶）	0. 108 998	0. 255 516	0. 048 907	0. 448 694	1. 756 031	0. 021 056	1. 350 401
22	root vegetables（根茎类蔬菜）	other vegetables（其他蔬菜）	0. 108 998	0. 255 516	0. 047 382	0. 434 701	2. 246 605	0. 026 291	1. 426 693
14	frozen vegetables（冷冻蔬菜）	whole milk（全脂牛奶）	0. 048 094	0. 255 516	0. 020 437	0. 424 947	1. 663 094	0. 008 149	1. 294 636
17	margarine（人造黄油）	whole milk（全脂牛奶）	0. 058 566	0. 255 516	0. 024 199	0. 413 194	1. 617 098	0. 009 235	1. 268 706
0	beer（啤酒）	whole milk（全脂牛奶）	0. 052 466	0. 255 516	0. 021 251	0. 405 039	1. 585 180	0. 007 845	1. 251 315
38	tropical fruit（热带水果）	whole milk（全脂牛奶）	0. 104 931	0. 255 516	0. 042 298	0. 403 101	1. 577 595	0. 015 486	1. 247 252
25	(whipped/sour cream)（搅打奶油/酸奶油）	other vegetables（其他蔬菜）	0. 071 683	0. 255 516	0. 028 876	0. 402 837	2. 081 924	0. 015 006	1. 350 565
42	yogurt（酸奶）	whole milk（全脂牛奶）	0. 139 502	0. 255 516	0. 056 024	0. 401 603	1. 571 735	0. 020 379	1. 244 132
31	pip fruit（仁果类水果）	whole milk（全脂牛奶）	0. 075 648	0. 255 516	0. 030 097	0. 397 849	1. 557 043	0. 010 767	1. 236 375

图 6. 14　部分关联规则

（1）平凡的关联规则

平凡的关联规则指那些太平常、过于明显的关联，一般是很明确的现象，其价值不值一提。如图 6. 14 中的关联规则 6。

（2）可行动关联规则

可行动的关联规则能提供有价值的启示信息，它们是不常见的，但一般来说是明确且有用的，能据此来提高销售额。显然，本案例就是要寻找此类关联规则。

（3）费解的关联规则

如果商品之间的关联规则过于不明确，以至于很难搞清楚这些关联规则形成的原因，致使很难使用或者不可能使用这些关联规则，那么这些关联规则就是令人费解的。

通过上述关联规则分析，不难发现：将{黄油}→{全脂牛奶}、{凝乳/奶渣}→{全脂牛奶}、{国产鸡蛋}→{全脂牛奶}等关联规则应用于零售超市是很有用的。譬如根据关联规则提示,可以将这些商品捆绑促销,或者将这些商品尽可能放置在一个楼层以方便顾客购买,达到提高销售收入的效果。进一步,可以根据商家试图要促销的商品种类(如浆果类),从挖掘出的关联规则集中筛选出包含浆果的关联规则,然后根据置信度和提升度大小找到足够有用的关联规则。

本章小结

个性化推荐经历了多年的发展,已经成为互联网商城的标配,也是AI成功落地的应用之一,特别是在电商、资讯、音乐、短视频等热门领域得到了应用。作为无监督的学习过程,协同过滤推荐、关联规则等学习算法能够从没有任何先验知识的大规模数据中提取知识或发现新模式。在案例1中,采用基于用户的协同过滤推荐算法来向用户推荐他可能喜欢的电影,尽管最终没有对推荐效果进行实际验证,但这种方法在理论上是切实可行的。案例2是一个购物清单小规模数据的关联规则分析,采用一个简单的Apriori算法,就发现了大量有趣且可用的购买模式,有些模式对于商家来说在未来的营销活动中可能是很有用的。总之,利用一些推荐算法,可以从表面杂乱无章的浩瀚数据中找到用户感兴趣的东西,以达到良好效果。

课后习题

一、选择题

1. 下列算法不属于个性化推荐的是(　　)。

A. 协同过滤推荐　B. 基于内容推荐　C. 关联规则推荐　D. 分类推荐

2. 基于用户的协同过滤推荐算法的特点是(　　)。

A. 找出用户的特征　B. 基于用户行为计算用户相似度

C. 找出物品的特征　D. 计算物品的相似度

3. 下列方法不是用于计算相似度是(　　)。

A. 欧氏距离　B. 皮尔逊相关系数

C. 均方根误差　D. 余弦向量相似度

4. 关联规则分析过程中,对原始数据进行事务型数据处理的主要原因是(　　)。

A. 提高数据处理速度　B. 节省存储空间

C. 方便算法计算　D. 形成商品交易矩阵

二、简答题

1. 协同过滤推荐与关联规则推荐的区别是什么?它们各自适用于哪些场合?

2. 在案例1的推荐用户喜爱的电影中,如何计算两个用户之间的相似度?

三、案例题

1. 基于案例1的样本数据,利用基于物品的协同过滤推荐算法向用户推荐他喜欢的电影。提示如下:

(1) 给用户推荐那些和他之前喜欢的电影相似的电影。

(2) 计算物品相似度:首先统计每部电影被哪些人评分过,记为{电影标题:{用户编号:评分}};其次计算两部电影之间的相关系数,即计算两部电影a、b被相同人评分过的差异,记为sim(a, b);然后根据拟推荐用户曾经看过电影的评分,与这些电影相似度最大的m部电影,根据公式"评分×sim(a, b)"计算用户对电影的兴趣度,记为{电影标题:兴趣度};最后取兴趣度最大的前n部电影推荐给该用户,从而完成电影推荐工作。

2. 如某零售超市准备举办一场关于浆果旺季的促销活动,请你根据案例2的购物清单历史数据,找出包含浆果的所有可用关联规则,据此为超市提供营销建议或策略。

第7章

语音识别

在人工智能技术的浩瀚星空中,语音识别犹如一颗璀璨夺目的星辰。作为人机交互领域中至关重要的桥梁,它正以前所未有的速度展现出其无与伦比的应用潜力和深远价值。这项技术不仅代表了人机交互方式的一次革命性飞跃,更是人类智慧与现代科技完美融合的典范。随着算法的不断优化、计算能力的显著提升以及大数据资源的日益丰富,语音识别技术已经成功跨越了实验室的门槛,广泛渗透于我们日常生活的每一个角落,悄然改变着我们的生活方式和工作模式。

党的二十大报告强调了创新驱动发展战略的重要性,提出要加快构建新发展格局,推动高质量发展。在此背景下,语音识别技术作为数字经济、智慧社会建设的关键支撑技术之一,其未来发展将更加注重技术创新与产业升级的深度融合,推动形成更多新技术、新业态、新模式。同时,我们也应关注语音识别技术在社会、经济、文化等方面产生的深远影响,如促进教育公平、提升公共服务水平、丰富文化娱乐体验等,这些都为构建人民满意的美好生活提供了有力支撑。

学习目标

知识目标:

1. 掌握语音识别的基本概念、原理及发展历程,了解其在人工智能领域的重要地位。
2. 熟悉语音识别系统的基本组成和关键技术,包括特征提取、声学模型、语言模型等。
3. 了解不同语音识别算法的原理和特点,如隐马尔可夫模型、深度学习等。
4. 掌握常见的语音识别应用场景及其实现方式,如智能助手、语音搜索等。

能力目标:

1. 能够根据具体需求,选择合适的语音识别算法和技术,构建有效的语音识别系统。
2. 能够运用编程语言和工具,实现语音识别系统的基本功能和优化算法。
3. 具备对语音识别系统进行测试和评估的能力,能够根据测试结果调整和优化系统性能。
4. 能够将语音识别技术与其他人工智能技术结合,解决实际应用中的复杂问题。

素质目标:

1. 培养对语音识别技术的兴趣和热情,拥有创新精神和探索欲望。

2. 提高逻辑思维能力和分析问题能力，能够独立思考和解决语音识别领域的问题。

3. 培养团队协作精神和沟通能力，能够在团队中有效协作，共同完成语音识别项目的开发和实施。

4. 提升职业道德素养和社会责任感，能够遵循法律法规和伦理规范，为人类社会的发展做出贡献。

7.1 语音识别简介

语言，作为人类最原始且直接的交流方式，具有通俗易懂、便于理解的特性。然而，随着科技的日新月异，语言交流不再局限于人与人之间。如何让机器“聆听”并理解人类的语言，进而做出相应的反应，已成为人工智能领域的一大研究焦点。在这样的背景下，语音智能交互技术应运而生，成为连接人与机器之间的重要桥梁。语音识别技术作为语音智能交互的关键组成部分，近年来取得了显著的进步。

语音识别，又称为自动语音识别（Automatic Speech Recognition，ASR），是以语音为研究对象，通过语音信号处理和模式识别让机器自动识别和理解人类口述语言的技术。其本质上是一种人机交互方式，让计算机通过识别和理解过程把人类的语音信号转变为文本或命令，以便计算机进行理解和产生相应的操作。简单来说，语音识别相当于人类的耳朵，是将声音转化为文字的过程。

随着人工智能的普及，语音识别已经从实验室走向了市场，逐渐融入人们的日常生活。如今，市场上涌现出众多与语音识别技术相关的软件和商品，它们广泛应用于人类生活的各个方面，充分展现了语音识别的实用性和价值，如图 7.1 所示。

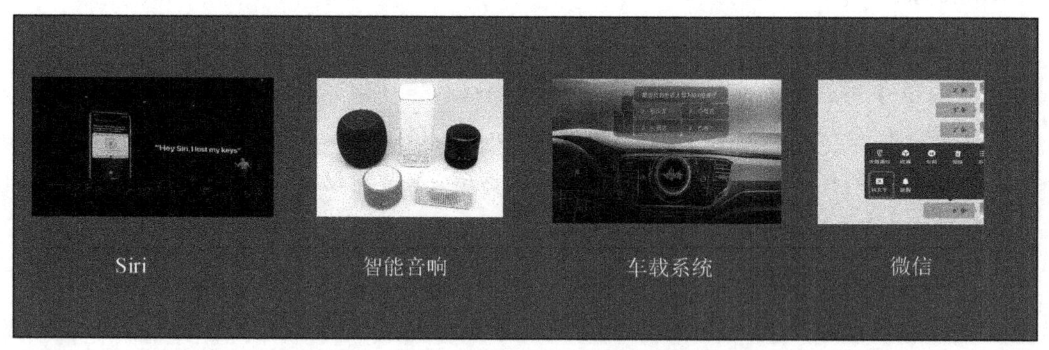

图 7.1　语音识别应用场景

无论是智能家居、手机应用，还是车载系统等，语音识别技术都以其高效、便捷的特点，为人们提供了更加智能化的服务。通过语音指令，人们可以轻松完成各种操作，享受科技带来的便利。同时，随着技术的不断进步，语音识别的准确性和稳定性也在不断提升，为更广泛的应用场景提供了可能。

可以说,语音识别技术的发展不仅推动了人工智能领域的进步,也为人们的生活带来了实质性的改变。未来,随着技术的不断创新和完善,相信语音识别将在更多领域发挥重要作用,为人们创造更加智能、便捷的生活体验。

7.1.1 语音识别简史

语音识别的演进可回溯至人类对声音与语言本性的深究,其历程既漫长又充满曲折,最终从理论探讨走向了实践应用。如图7.2所示,在早期的阶段,人们对于语音与语言的认知主要局限于语言学和语音学的范畴。语音学家们致力于研究语音的生成、传播以及接收机制,为后续的语音识别研究铺平了道路。随着科技的迅猛进步,特别是电子技术和计算机技术的飞跃发展,人们开始探索将语音信号转化为数字信号的方法,并对其进行处理与分析。

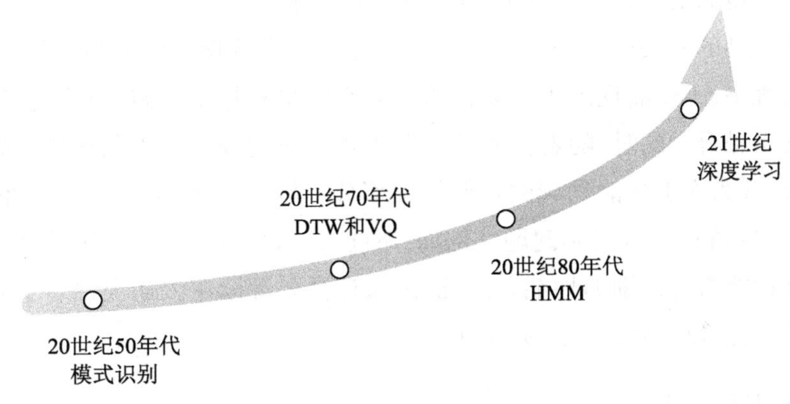

图7.2 语言识别发展史

20世纪50年代,语音识别的研究逐渐进入了一个新的阶段。此时,计算机技术的兴起为语音识别提供了强大的技术支持。研究者们开始尝试利用计算机对语音信号进行模式识别,从而实现对语音的自动理解。然而,由于当时的技术水平有限,这一阶段的语音识别研究仍然面临着诸多挑战。

到了20世纪60年代和70年代,随着数字信号处理技术和模式识别理论的不断发展,语音识别的研究取得了显著进展。研究者们提出了各种新的算法和模型,用于提高语音识别的准确性和效率。典型的算法包括动态时间规整(Dynamic Time Warping, DTW)和矢量量化(Vector Quantization, VQ)。DTW算法用于解决语音信号中不同发音速度导致的时间对齐问题。VQ是一种将词库中的字、词等单元进行矢量量化处理,从而生成码本作为模板的方法。在应用过程中,通过输入的语音特征矢量与这些模板进行匹配,实现语音识别的功能。这一技术使得语音识别系统能够更精确地理解和识别输入的语音信号,提高了语音识别的准确性和效率。同时,随着计算机性能的不断提升,语音识别的实时性也得到了很大的改善。

进入 20 世纪 80 年代，随着隐马尔可夫模型(Hidden Markov Model, HMM)等统计方法的引入，语音识别技术取得了重大突破。HMM 能够有效地描述语音信号的统计特性，从而提高了语音识别的性能。此外，随着大规模语料库的构建和训练方法的改进，语音识别的准确率也得到了显著提升。

进入 21 世纪，深度学习技术的崛起为语音识别研究注入了新的活力。深度神经网络模型能够自动捕捉语音信号的复杂特征，从而显著提升了语音识别的准确性和鲁棒性。在众多深度学习模型中，深度神经网络(DNN)通过多层神经网络结构，深入挖掘语音信号的非线性特征，优化了识别性能；卷积神经网络(CNN)则擅长提取语音信号的局部特征和空间相关性，为语音识别提供了丰富的信息；循环神经网络(RNN)及其变体(如 LSTM、GRU)能够处理序列数据，精准捕捉语音信号的时序依赖关系；而 Transformer 模型，凭借其自注意力机制的神经网络结构，在语音识别任务中展现了卓越的性能。与此同时，云计算和大数据技术的快速发展也为语音识别的应用提供了广阔的空间。

回顾语音识别的发展过程，可以看到这一技术经历了从理论研究到实际应用的漫长过程。在这一过程中，不仅涌现出了众多优秀的研究成果和技术突破，也促进了多个相关领域的发展和交叉融合。同时，随着技术的不断进步和应用场景的不断拓展，语音识别的地位也日益凸显，成为人工智能领域的重要组成部分。然而，尽管语音识别已经取得了显著的进步，但仍面临着许多挑战和问题。例如，不同人的语音特征差异、噪声干扰、口音变化等因素都可能影响语音识别的性能。因此，未来还需要继续深入研究语音识别技术，提高其准确性和鲁棒性，以更好地满足实际应用的需求。

7.1.2 语音识别过程

语音识别有一整套完整的流程，整个流程模块包括信号处理、特征提取、声学模型、语言模型、输出结果等部分，如图 7.3 所示。

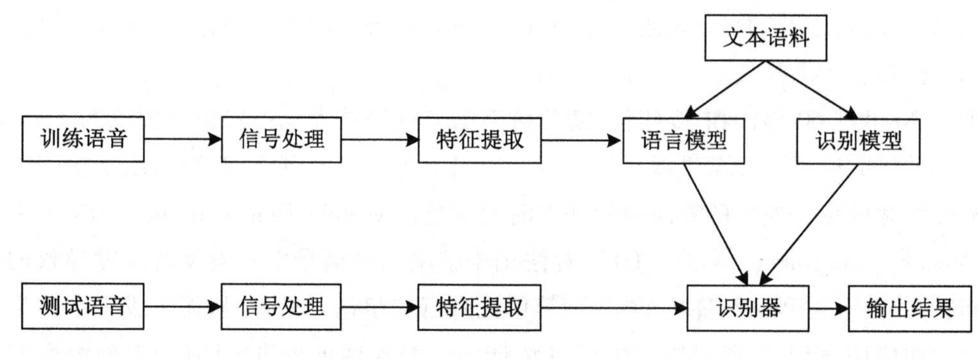

图 7.3　语言识别系统流程图

语音信号处理是语音识别的基础,它涉及对声音的采集、预处理和特征提取等方面。采集语音信号是语音识别的第一步,常用的设备包括麦克风、手机、话筒等。在采集语音信号时,需要注意噪声和回声等因素,以减少后续处理的难度。预处理是指对采集到的语音信号进行数字信号处理,包括去除噪声、滤波、增益等操作,以提高信号质量和准确性。

在信号处理后,从每帧语音信号中提取出能够代表语音信息的特征。常用的特征包括 Mel 频率倒谱系数(Mel Frequency Cepstral Coefficient, MFCC)、感知线性预测(Perceptual Linear Prediction, PLP)等,这些特征将用于后续的声学模型建模。其中,MFCC 在语音识别和音频处理领域扮演着举足轻重的角色。其核心工作原理在于模拟人耳听觉系统对声音的处理机制,特别是在低频部分的卓越频率分辨能力。这一特性使得 MFCC 能够有效地提取出语音信号中的关键信息,并且在噪声环境下也展现出良好的鲁棒性,使得它在复杂多变的实际环境中能够保持稳定的性能。这一特性使得 MFCC 成为语音识别系统中的重要特征参数,许多现代语音识别系统依然首选 MFCC 作为关键特征,并取得了令人满意的识别效果。其提取过程如图 7.4 所示,这一过程的设计灵感来源于人耳的听觉系统,使得 MFCC 能够很好地模拟人类听觉的特点。MFCC 的提取过程主要包括以下几个步骤:

(1) 预加重:对原始音频信号进行高通滤波,以去除低频部分的噪声。

(2) 分帧:将音频信号分成若干个帧(通常为 20~30 毫秒),以确保每帧内音频信号的特征是平稳的。

(3) 加窗:对每一帧进行加窗处理,以避免由于信号突然截断而产生的频谱泄漏。

(4) 傅里叶变换:对每一帧进行快速傅里叶变换(Fast Fourier Transform, FFT),将时域信号转换为频域信号。

(5) Mel 滤波器组:将频率轴转换为 Mel 频率轴,并使用一组 Mel 滤波器对频谱进行滤波,得到 Mel 频率轴上的能量值。这一步是模拟人耳对频率的非线性感知。

(6) 对数运算:对每个 Mel 滤波器输出的能量值取对数,将其转换为对数域。

(7) DCT 变换:对每个 Mel 滤波器输出的对数值进行离散余弦变换(Discrete Cosine Transform, DCT),得到 MFCC 系数。

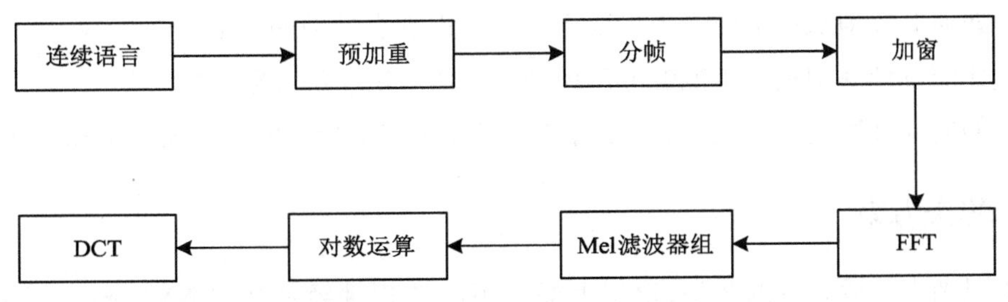

图 7.4 MFCC 特征提取过程

通过上述步骤,MFCC 将原始音频信号转换为一组具有更好可分离性和可识别性的特征向量。这些特征向量能够很好地表示语音信号的特性,从而方便后续的语音识别、说话人识别、语音合成和音频分类等应用。

声学模型是语音识别的核心部分,它根据提取的特征来预测可能的语音单元(如音素、单词等)。声学模型通常使用神经网络(如 DNN、CNN、RNN 等)进行训练,以学习从特征到语音单元的映射关系。

语言模型利用语言学知识来约束可能的词序列,确保输出的语音转写结果符合语法和语义规则。语言模型可以是基于统计的 *n*-gram 模型,也可以是基于神经网络的模型(如 RNN、Transformer 等)。它与声学模型一起工作,共同确定最终的识别结果。

根据声学模型和语言模型的输出,通过解码算法(如 Viterbi 算法、Beam Search 等)确定最终的语音转写结果。解码过程考虑了声学模型输出的语音单元概率和语言模型输出的词序列概率,以找到最可能的识别结果。最终,识别结果以文本形式输出,完成整个语言识别的流程。

经过处理的语音信号表现为一种时间序列信号,其中蕴含着丰富的波形振动信息。为实现语音识别的目标,必须将这些语音信号转化为计算机易于处理的数字特征。这些数字特征不仅是语音识别模型构建的基础,还对模型的训练过程起着至关重要的作用。在语音特征提取方面,存在多种主要方法,每种方法都能有效地区分不同的语音信号,并对语音信号的短时特性进行精确建模,从而显著提升语音识别的准确性。

7.2 案例 1——利用 CNN 识别英文语音数字

7.2.1 提出问题

如何利用语音特征提取技术和卷积神经网络(CNN)模型来构建一个英文语音数字识别系统?该系统应能够准确识别并展示英文语音中的数字(zero 到 nine),以便在诸如医院、银行、饭店等公共场所的排队叫号系统中,为非英语母语的顾客提供便利,避免因语言障碍而错过服务。具体来说,该系统需要解决以下几个关键问题:

(1) 如何有效地从英文语音中提取出对数字识别有帮助的特征?

(2) 如何设计并构建一个能够准确识别英文语音数字的 CNN 模型?

(3) 如何训练和优化该模型,以提高其在实际应用场景中的识别准确率和性能?

7.2.2 解决方案

为了识别出一段语音的数字,根据上面介绍的卷积神经网络(CNN),解决方案是搭建出基于 CNN 的语音识别系统。该解决方案如图 7.5 所示。

(1) 训练集与测试集的语音信号进入语音识别系统的端口,通过导入 wav 格式的语音信号进行文件输入。

(2) 对输入的语音进行预处理,针对输入的语音信号,首先进行预加重处理,旨在提高高频部分的分辨率,使得整个频谱更为平滑,从而有助于后续的语音特征提取。紧接着,采用分帧加窗的方法,将原始的长段语音信号切分为若干个较短的帧,以适应语音信号的时变特性。在分帧之后,为了去除静音段并减少无效数据,实施端点检测算法,准确识别并剔除语音信号中的静音部分。这样做可以显著提高后续语音识别的效率和准确性。

(3) 提取每帧语音信号的特征参数,这些参数能够充分反映语音的声学特性。为了方便后续处理和分析,将这些特征参数保存为.npy 格式的文件,这是一种常用的用于存储大型数值数组的文件格式。

(4) 建立 CNN 模型。通过 CNN 网络提取语谱图的特征信息。首先用训练集的语音数据训练模型,然后将测试集的数据输入训练好的模型中进行语音的识别。

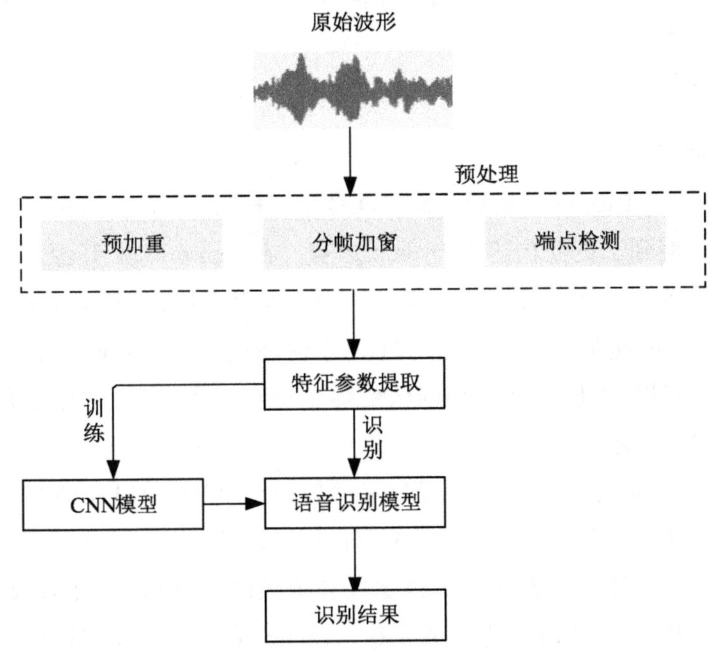

图 7.5 基于 CNN 的语音识别系统

7.2.3 预备知识

1. librosa 库

要进行语音识别,需要用到 Python 的 librosa 库。librosa 是一个功能强大的 Python 模块,专门用于分析一般的音频信号。作为一个第三方库,它提供了丰富的工具和函数,使得语音信号处理变得更为便捷和高效。无论是音频的加载、特征提取,还是音频的分割和可视化,librosa 都能为开发者提供强大的支持。利用 librosa,研究人员和开发者可以轻松地分析音频信号的各个方面,从而深入理解音频数据,并在语音识别、音乐信息检索等领域取得更好的成果。

编程前要使用如下命令先安装 librosa 库：

```
pip install librosa
```

定义 get_spectrogram 函数，该函数接收音频文件的路径作为参数，使用 librosa 库加载音频数据并计算其语谱图（短时傅里叶变换），然后返回该语谱图。

```
def get_spectrogram(path):
    # 使用 librosa 库加载音频文件，返回音频数据和采样率
    data, fs = librosa.load(path, sr=None, mono=True)
    # 使用 librosa 库的 stft 函数计算短时傅里叶变换，得到语谱图
    spect = librosa.stft(data, n_fft=1024, hop_length=320, win_length=1024)
    # 返回语谱图
    return spect
```

2. PyTorch 框架

PyTorch 是一个由 Facebook 主导开发的深度学习框架，它基于 Torch 项目，并成功地从原先的 Lua 语言过渡到了更受欢迎的 Python 语言。在 TensorFlow 开源之前，Torch 曾是深度学习领域非常著名的一个框架。然而，自从 PyTorch 开源以来，其由于简洁易用的接口和动态计算图的特性，迅速吸引了大量的关注，并逐渐成为 TensorFlow 的主要竞争对手。PyTorch 的动态图特性使得模型开发和调试变得更加直观和灵活，这也是它受到许多研究者和开发者青睐的原因之一。

PyTorch 框架本身是一个完整的深度学习框架，它提供了构建和训练神经网络所需的所有基本组件和工具。以下是一些常用的 PyTorch 库和工具：

（1）torchvision：这是一个为计算机视觉任务提供的库，包含了许多预训练好的模型、常用的数据集加载器、图像转换和处理函数等。torchvision 的 transforms 模块可以用于图像预处理，models 模块提供了预训练模型，而 utils 模块则提供了一些可视化的方法。

（2）PyTorchVideo：这是一个专注于视频理解工作的深度学习库，提供了加速视频理解研究所需的可重用、模块化和高效的组件。

（3）torchtext：主要用于文本数据的处理，包括截断补长、构建词表等文本预处理功能，方便用户对文本数据进行操作。

（4）torch. Tensor：PyTorch 中的核心类，提供了类似 numpy 的多维数组对象，但支持 GPU 加速计算，是进行张量运算的基础。

（5）torch. autograd：这个模块实现了自动求导机制，使得训练神经网络时的反向传播过程得以简化。

（6）torch. nn：包含了一系列用于构建神经网络的模块和层，以及常用的损失函数，如

CrossEntropyLoss 和 MSELoss 等。

(7) torch. utils. data：提供了数据加载和预处理的功能，其中的 DataLoader 可以方便地处理大型数据集，并支持数据预处理、数据增强、多进程加载等功能。

(8) 可视化工具：TensorBoard 是一个强大的可视化工具，它可以通过 tensorboard_logger 或专门为 PyTorch 设计的 tensorboardX 插件与 PyTorch 框架无缝集成。通过使用这些工具，用户可以方便地监控模型的训练过程，清晰地展示模型结构，并对张量进行可视化分析。另外，Visdom 作为 Facebook 专门为 PyTorch 开发的可视化工具，也提供了丰富的可视化功能，包括绘制图像、文本和图表等，进一步丰富了 PyTorch 的可视化生态。这些工具的使用大大提升了深度学习研究和开发的效率，使得研究人员和开发者能够更直观地理解模型的工作过程和性能表现。

这些库和工具大大增强了 PyTorch 的功能和易用性，使得用户能够更高效地构建、训练和调试深度学习模型。当然，随着 PyTorch 的不断发展，未来还可能出现更多新的库和工具，进一步丰富其生态系统。

7.2.4 任务1——提取音频文件的语音特征数据

使用的数据集是网上公开的，数据集如图 7.6 所示。该数据集的下载地址为 http://download.tensorflow.org/data/speech_commands_v0.01.tar.gz。

extract_features 函数负责从指定数据集中提取音频特征。它首先定义数据集路径和标签，然后遍历每个标签下的音频文件，对每个文件调用 get_spectrogram 函数获取语谱图，并调整语谱图的大小为 28×28。同时，记录每个语谱图对应的标签索引。最后，将提取到的所有语谱图和标签索引分别转换为 NumPy 数组，并保存到 .npy 文件中。

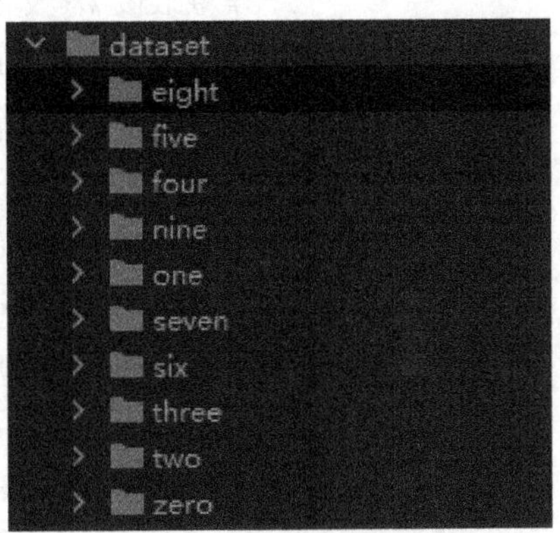

图 7.6 数据集的结构

```
import os
import numpy as np
import CV2
def extract_features():
    # 定义音频数据集的路径
    data_path = "./dataset"
    # 定义数字语音的标签
    labels = ['zero', 'one', 'two', 'three', 'four', 'five', 'six', 'seven', 'eight', 'nine']
    print("标签名:", labels)
```

```
# 初始化存储数据和标签的列表
total_data = [ ]
total_label = [ ]
# 遍历每个标签
for label in labels:
    # 拼接标签路径
    label_path = os.path.join(data_path,label)
    # 获取该标签下的所有 wav 文件名
    wav_names = os.listdir(label_path)
    # 遍历每个 wav 文件
    for wav_name in wav_names:
        # 判断是否为 wav 文件
        if wav_name.endswith(".wav"):
            # 拼接 wav 文件的完整路径
            wav_path = os.path.join(data_path,label)
            print(wav_path)
            # 获取该 wav 文件的语谱图
            spect = get_spectrogram(wav_path)
            # 计算语谱图的绝对值
            spect = np.abs(spect)
            # 调整语谱图的大小为 28×28
            spect = cv2.resize(spect, (28, 28))
            # 将语谱图添加到总数据列表中
            total_data.append(spect)
            # 将对应的标签索引添加到总标签列表中
            total_label.append(labels.index(label))
            # 将总数据列表转换为 numpy 数组
total_data = np.array(total_data)
```

7.2.5 任务 2——构建语音数字识别神经网络模型

基于前面提到的 CNN 在音频信号处理中的优势,特别是其自动特征提取能力,可以针对英文数字发音的特征数据设计一个多层卷积神经网络模型。以下是根据任务目标进行的改写,并详细描述了完成任务所需的步骤和操作。

1. 任务目标

设计一个多层卷积神经网络模型,用于对英文数字发音的特征数据进行分类,并将其训练到能够准确识别 0~9 十个类别。最后,保存训练过程中表现最优的模型。

2. 完成步骤

(1) 定义多层神经网络模型

① 确定模型架构,包括卷积层、池化层、全连接层等,以适应音频特征数据的处理。

② 设置卷积核的大小和数量,以及池化操作的类型和大小,以有效地提取音频特征。

③ 设定激活函数,如 ReLU,以增强模型的非线性表达能力。

④ 在模型的最后部分添加 softmax 层,用于输出每个类别的概率分布。

下面是对应的代码:

```
import torch
import torch.nn as nn
class CNN(nn.Module):
    def __init__(self):
        # 调用父类(nn.Module)的初始化函数
        super(CNN, self).__init__()
        # 定义第一个卷积层序列
        self.conv1 = nn.Sequential(
        # 卷积层:输入通道数为1,输出通道数为16,卷积核大小为5×5,步长为1,边缘填充为2
            nn.Conv2d(
                in_channels=1,  # 输入为单层图像
                out_channels=16,  # 卷积成16层
                kernel_size=5,  # 卷积核大小为5×5
                stride=1,  # 步长,每次移动1步
                padding=2),
                # 边缘填充,给图像边缘增加像素值为0的框,保证卷积后图像大小不变
            # 激活函数,使用ReLU函数
            nn.ReLU(),
            # 池化层,最大池化,将图像长宽减少一半
            nn.MaxPool2d(kernel_size=2),
        )
        # 定义第二个卷积层序列
        self.conv2 = nn.Sequential(
        # 卷积层:输入通道数为16(上一个卷积层的输出通道数),输出通道数为32
        #卷积核大小为5×5,步长为1,边缘填充为2
            nn.Conv2d(16, 32, 5, 1, 2),
            # 激活函数,使用ReLU函数
            nn.ReLU(),
            # 池化层,最大池化,将图像长宽减少一半
```

```
            nn.MaxPool2d(2),
        )
        # 定义全连接层,将卷积层输出的特征图展平后作为输入,输出大小为10(对应10个类别)
        self.out = nn.Linear(32 * 7 * 7, 10)
    def forward(self, x):
        # 前向传播函数,输入x经过第一个卷积层序列
        x = self.conv1(x)
        # 输入x经过第二个卷积层序列
        x = self.conv2(x)
        # 将卷积层输出的特征图展平,准备输入全连接层
        # 将x的形状改变为(batch_size, -1),-1表示自动计算该维度的大小
        x = x.view(x.size(0), -1)
        # 输入x经过全连接层,得到最终的输出
        output = self.out(x)
        # 返回输出
        return output
```

(2) 模型训练

① 准备训练数据,包括每个英文数字发音的特征数据和对应的标签(0~9)。

② 划分数据集为训练集和验证集,以便在训练过程中评估模型的性能。

③ 定义损失函数和优化器,如交叉熵损失和 Adam 优化器,用于模型的训练。

④ 训练模型,通过多次迭代更新模型的权重和偏置,以最小化训练损失。

⑤ 在每个迭代或固定周期后,使用验证集评估模型的性能,记录最优模型的权重和性能指标。

模型训练的代码如下:

```
from sklearn.model_selection import train_test split
from sklearn.metrics import accuracy_score, precision_score, recall_score, f1_score
def test_model(net, data, label):
    data = torch.Tensor(data)
    data = data.unsqueeze(1)
    label = torch.Tensor(label).long()
    # 训练集和测试集7:3
    train_data, test_data, train_label, test_label = train_test_split (data, label, test_size=0.3,
                                                                        random_state=0)
    test_dataset = torch.data.TensorDataset(test_data, test_label)
    test_loader = torch.data.DataLoader(
        dataset=test_dataset,
```

```
        batch_size=32,
        shuffle=True,
    )
    y_true = [ ]
    y_pred = [ ]
    for stp, (test_x, test_y) in enumerate(test_loader):
        test_output = net(test_x)
        _, pred_y = torch.max(test_output, 1)
        y_true.extend(test_y)
        y_pred.extend(pred_y)
    print("Accuracy:", accuracy_score(y_true, y_pred))
    print("Precision_score:", precision_score(y_true, y_pred, average='macro'))
    print("Recall_score:", recall_score(y_true, y_pred, average='macro'))
    print("F1_score", f1_score(y_true, y_pred, average='macro'))
```

7.2.6 任务3——利用训练好的模型来识别语音

经过任务1的特征提取和任务2的模型训练,现在已经拥有了英文数字语音的特征数据和训练好的CNN模型。接下来,利用这些资源来完成任务3,即对语音特征数据进行分类识别,从而实现对语音文件(.wav)的识别任务。以下是按照任务目标进行的步骤和操作改写。

1. 任务目标

使用已经训练好的CNN模型,对语音特征数据进行分类,并确定语音文件(.wav)的识别结果。

2. 完成步骤

(1) 配置机器资源以支持模型识别任务。这包括确保有足够的计算资源(如CPU或GPU),以及安装和配置必要的软件环境(如Python和相关深度学习库)。

(2) 使用torch.load()函数加载训练好的CNN模型参数。torch.load(path)是PyTorch库中的一个函数,用于加载保存在文件中的模型参数或其他数据。这里的path参数是你要加载的文件的路径。

```
def load_model(path):
    net = torch.load(path)
    return net
```

(3) 提取.wav文件的语音特征,将其转换为模型所需的输入格式。然后,将这些特征样本输入加载好的CNN模型中,进行前向传播计算,得到分类识别结果。

下面代码定义了一个函数,用来实现模型的预测功能:

```
def predict(model, file):
    # 从音频文件中获取频谱图
    spect = get_spectrogram(file)
    # 计算频谱图的绝对值
    spect = np.abs(spect)
    # 将频谱图的大小调整为 28×28,以适应模型的输入要求
    spect = cv2.resize(spect, (28, 28))
    # 将调整大小后的频谱图转换为 PyTorch 张量格式
    data = torch.Tensor(spect)
    # 在张量的第一个维度上增加一个维度,使其变为(1, 1, 28, 28)的形状,以匹配模型的输入期望
    data = data.unsqueeze(0)
    # 将数据输入模型中,得到输出
    output = model(data)
    # 从模型的输出中找到概率最大的类别索引
    confidence, pred_y = torch.max(output, 1)
    # 打印出识别结果
    print("识别结果为:", pred_y.numpy())
```

(4) 加载模型并调用 predict 函数,对 file 地址处的语音进行识别。

```
file = "./dataset/zero/096456f9_nohash_0.wav"
cnn = load_model("cnn.pkl")
predict(cnn, file)
```

7.3 案例 2——自制一个简单的实时语音识别系统

7.3.1 提出问题

现代智能手机普遍配备了如 Siri 和谷歌助手等语音助手,它们凭借先进的语音识别技术,能够精准理解并执行用户的语音指令,无论是查询天气、设置闹钟还是发送短信,都能轻松应对。同时,语音搜索功能也大大提升了搜索效率,用户只需通过语音录入,即可快速输入查询内容,无需烦琐的手动输入。而在编写短信、邮件或社交媒体内容时,语音输入与编辑功能更是为用户节省了大量打字时间,提高了输入准确性,尤其在移动中或需要长时间打字的情况下,这一功能显得尤为实用。这些语音录入的应用场景不仅增强了手机的使用便利性,也进一步丰富了我们的移动生活体验。那么,这些场景中的语音录入功能是如何实现的呢?

想要高准确率的语音识别,关键的步骤包括数据采集、建模和模型训练等。对于大多

数学习者而言,收集样本数据通常不是个大问题,只要愿意投入时间,基本上都能胜任。然而,在建模方面,如果没有扎实的 AI 基础知识,可能会面临一些挑战。此外,模型训练需要一定的算力支持,这对于普通用户来说可能是一个难以克服的障碍。

不过,值得欣慰的是,百度为我们提供了一个强大的 AI 开发平台,涵盖了从模型创建、训练到上线和调用的全过程,这让我们能够轻松解决上述难题,无须担心复杂的建模和算力问题。

接下来,我们将利用已收集的语言数据和标签文件,借助 EasyDL 这个定制化 AI 训练与服务平台,开发一个简单的实时语音识别系统。通过这个平台,我们将能够充分利用百度大脑的强大功能,实现语音识别系统的快速开发和部署。

7.3.2 解决方案

首先,我们需要在百度智能云平台上创建一个使用账号,以确保具备访问其开发功能的权限。接着,我们需要提前准备好语音训练样本和相应的标注文件,以便利用 EasyDL 预置的神经网络模型进行训练与迭代更新。随后,我们将部署符合训练精度要求的模型。最后,在应用程序中调用已发布的实时语音模型对音频进行识别,从而实现实时语音识别的效果。

具体的解决方案流程如图 7.7 所示。

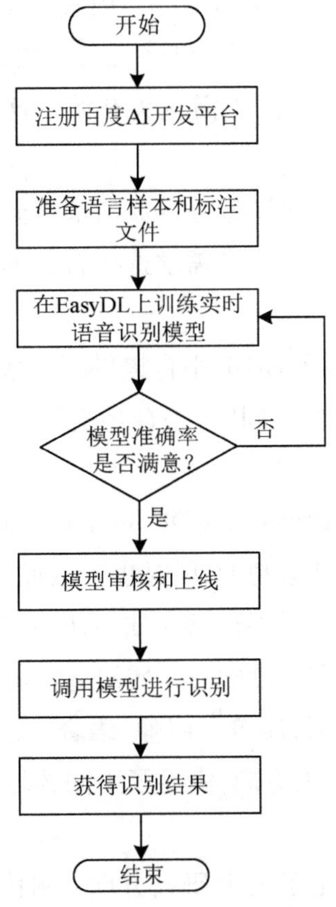

图 7.7 实时语音识别系统流程图

7.3.3 预备知识

EasyDL是基于飞桨开源深度学习平台推出的定制化AI训练及服务平台,面向企业AI应用开发者提供零门槛AI开发平台,实现零算法基础定制高精度AI模型。它提供一站式的智能标注、模型训练、服务部署等全流程功能,内置丰富的预训练模型,并支持公有云、设备端、私有服务器、软硬一体方案等灵活的部署方式。无论是工业制造、安全生产、零售快消还是智能硬件等领域,都能找到其应用的身影。

具体来说,EasyDL平台有以下几方面的功能优势:

(1) 零门槛的AI开发环境:EasyDL平台基于飞桨深度学习平台,面向企业AI应用开发者提供零门槛的AI开发体验。用户无需具备深厚的算法基础或编程经验,只需通过简单的操作,即可快速定制高精度的AI模型。这大大降低了AI开发的门槛,使得更多人能够参与到AI技术的开发和应用中来。

(2) 一站式的AI解决方案:EasyDL平台提供了一站式的智能标注、模型训练、服务部署等全流程功能。用户可以在平台上完成从数据准备到模型部署的整个流程,无需跳转到其他工具或平台。这大大简化了AI开发的流程,提高了开发效率。

(3) 丰富的预训练模型和算法:EasyDL平台内置了丰富的预训练模型和算法,这些模型和算法都经过了大量的数据训练和优化,已经具备了很好的性能。用户可以根据自己的需求选择合适的模型和算法进行训练,无需从头开始。这大大缩短了模型训练的时间,提高了模型的精度和性能。

(4) 灵活的部署方式:训练好的模型可以灵活部署到各种场景,包括公有云、设备端、私有服务器等。用户可以根据自己的业务需求选择合适的部署方式,实现模型的快速上线和应用。

(5) 高效的模型训练和评估:EasyDL平台提供了高效的模型训练和评估工具,可以帮助用户快速完成模型的训练和评估。同时,平台还提供了可视化的模型效果评估报告,让用户可以直观地了解模型的性能表现。

(6) 强大的社区支持和文档说明:EasyDL平台拥有庞大的用户社区和完善的文档说明,用户可以在社区中交流经验、获取帮助,同时也可以通过文档了解平台的使用方法和功能特点。这使得用户可以更快地上手平台,更好地利用平台的功能进行AI开发。

随着计算机技术的不断进步和深度学习领域的蓬勃发展,EasyDL平台如今已经扩展出多元化的技术研究方向与模型类型,涵盖了图像、语音、文本、文字识别(OCR)、视频、结构化数据、跨模态以及零售行业等八大方向,满足了不同领域和用户的需求,为用户提供了高效、便捷的AI解决方案。

在图像领域,EasyDL平台细化了三大研究方向:图像分类、图像检测以及图像分割。图像分类功能使得用户能够定制模型,以识别图片中的各类物体、状态或场景,进而应用于图片内容检索、制造业分拣、工业视觉质检等多种实际场景。图像检测功能则进一步提升了模型的精准度,能够准确识别并定位图片中的目标主体,适用于有多个目标或需要识别目标位置及数量的复杂场景。而图像分割功能则能够更精细地划分图片中的不同区域,为更高级的图像处理和分析提供了可能。在语音领域,EasyDL 平台同样展现出了强大的实力。它细分了语音识别和声音分类两大方向。通过定制语音识别模型,用户可以精准识别业务领域的专有名词,极大地提升了语音识别的准确性和实用性。这一功能在数据采集录入、语音指令、呼叫中心等场景中有着广泛的应用。同时,声音分类功能则能够帮助用户区分不同的声音类别,为音频分析和处理提供了有力的支持,应用于生产或泛安防场景中监控异常声等场景。

7.3.4 任务 1——准备音频文件和标签文件

1. 准备音频文件

准备的语音文件共 100 个,并不针对特定场景,是属于聊天性质的一些生活内容。如果语音识别模型使用业务范围较广(例如某行业领域模型),建议测试集的音频文件在 1 000~3 000 条会相对较好;如果只是针对某些特定场景训练,可提供几十条至几百条该场景的音频文件。在格式上,采用 16K 采样率,8bit 与单声道的 pcm/wav 文件格式进行录音,如果录音格式不符合上述要求,则需采用 FFmpeg (详见官网 http://ffmpeg.org)之类的多媒体处理工具进行格式转换。特别需要注意的是,所有音频文件名请不要包含中文、特殊符号、空格等字符;所有音频文件需直接打包压缩为 zip 文件格式,zip 大小不超过 100M,解压后单个音频大小不超过 150M。

2. 准备标注文件

标注文件包含了所有音频文件所述的内容,应与音频文件相对应的内容一致。通过如图 7.8 的格式进行标注。

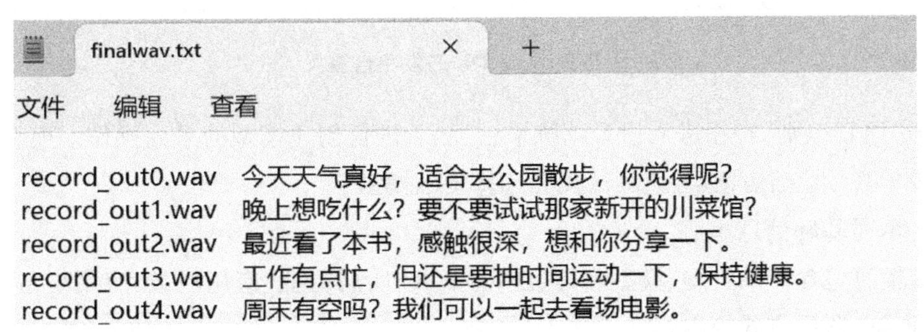

图 7.8 标注文件格式

标注文件为 txt 文本,由音频名称和标注内容两部分构成,用"tab"隔开,文件名带后缀或不带后缀均可,单条音频对应的文本长度不要超过 50 字,文件为 utf-8 编码。由此可见,标注文件是识别音频的“标准答案”,EasyDL 预设的语音识别模型通过这个“标准答案”与关联音频文件的迭代训练学习,就具有较高的智能语音识别能力。

7.3.5 任务 2——利用 EasyDL 训练实时语音识别模型

一旦拥有了完备的音频文件集与对应的标注文件,便可以依据这些精心准备的训练数据,启动预设模型的训练工作。通过一系列的训练流程,我们将能够打造出满足精度要求的语音识别模型。现在,让我们根据以下步骤与操作,共同来完成任务 2 的目标。任务 2 的目标有两个:创建模型和训练模型。

1. 创建模型

拥有百度智能云账号后,便可以顺利登录至 EasyDL——这个零门槛的 AI 开发平台,网址为 https://ai.baidu.com/easydl/。整个登录过程简单便捷,就如同打开一扇通往智能世界的大门,等待我们的将是无尽的 AI 探索与创造之旅,如图 7.9 所示。

图 7.9 EasyDL 开发平台首页

点击“语音识别”按钮进入语音训练平台,然后进行创建模型的系列操作。模型的创建包含三步:填写基础信息、上传测试集和选择基础模型。

(1) 填写基础信息

基础信息包含产品类型、模型名称、公司/个人、所属行业、应用场景、应用设备、功能描述、邮箱地址、联系方式等内容。

填写基础信息时要根据业务场景选择对应的产品类型,其他内容也要根据实际应用选择匹配项,填写的信息尽量做到描述准确,这样有利于模型的训练与后续的应用工作,如图 7.10 所示。点击“下一步”进入上传测试集页面。

创建模型

① 基础信息 ② 上传测试集 ③ 选择基础模型

产品类型: 实时语音识别
功能描述: 实时语音识别
模型名称: speech_01
公司/个人 ○公司 ◉个人
所属行业 教育培训
邮箱地址: AH******cp@sina.com
应用场景 语音输入
联系方式: 134 ***** 567
应用设备 耳麦
下一步

图 7.10　基础信息填写页面

(2) 上传测试集

上传的业务音频与标注文本用于评估基础模型与训练后模型准确率,建议测试集要覆盖业务中的词汇,测试集越丰富评估结果越客观。如果模型在训练过程中“见到过”所有的业务词汇,学习的内容足够丰富,那么训练出来的模型效果也就更好。如图 7.11 所示,上传音频文件与标注文件后,点击“开始评估”,进入后台评估状态,此时弹窗提示评估完毕时间,并自动跳转回“我的模型”。

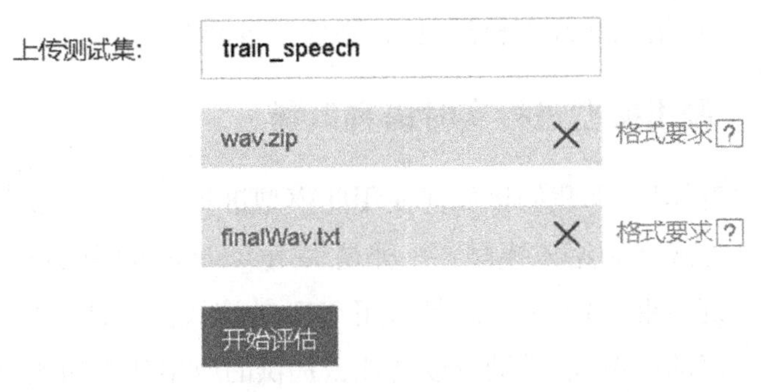

图 7.11　上传测试集页面

(3) 选择基础模型

在模型评估期间,“训练状态”栏显示模型在创建中,“操作”栏只有预计完成模型评估时间提示。

2. 训练模型

点击“开始训练”进入训练模型操作页面,如图 7.12 所示。

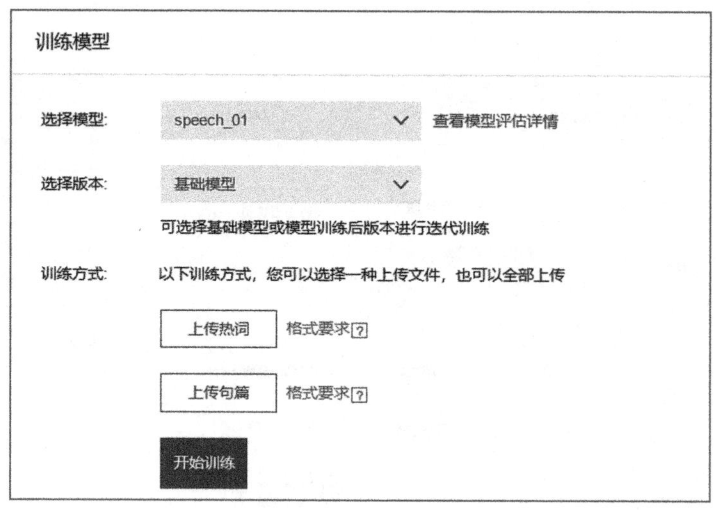

图 7.12　训练模型页面

由图 7.12 可以看出,有“上传热词”和“上传句篇”两种训练方式可以选择,可以上传热词,或者上传长段文本的句子,也可以同时上传两种进行训练。此处仅按格式上传热词后,点击“开始训练”,就转入模型训练过程,此过程耗时较长。待模型训练完成后,在“我的模型”列表页可以查看模型训练结果。

3. 上线模型

在平台点击“申请上线”或在左侧导航栏中点击“上线模型”,选择要上线的模型与版本进行上线。申请上线后需后台管理员进行审核,一般 1~3 天内会有审核结果,可在“我的模型”中查看审核状态。申请上线经审核通过后,则模型自动上线。

7.3.6　任务 3——调用模型进行实时语音识别

有了上线后的语音模型,那我们该如何使用此模型进行实时语音识别呢?一般在应用程序中可以选用以下方式来调用该模型:一种是采用 WebSocket 协议的连接方式,上传音频的同时可以获取识别结果;另一种方式是采用 SDK 的流式协议,即用户边说边识别语音。此处我们考虑应用程序的简单性,借助百度智能云提供的应用部署功能,采用 WebSocket 方式调用部署在百度智能云上的模型应用,设计一个应用程序,调用部署在百度智能云上的语音模型对音频文件进行实时语音识别,并输出识别结果。按照如下步骤与操作完成任务 3,完成步骤包括创建语音应用和编写语音识别程序两步。

1. 创建语音应用

创建语音应用的目的就是构建一个语音识别 Web 服务器端,按照客户端的请求方式对上传的音频数据进行语音识别,并接收服务器返回的识别消息。登录百度智能云后进入平台主页,依次点击“产品”→“人工智能”→“实时语音识别”→“立即使用”,进入创建语音应用页面。

点击“创建应用”按钮，一步步按照提示就可以创建一个语音技术应用。点击“管理应用”按钮，就可以看到已经创建好的一些应用。

2. 编写语音识别程序

(1) 导入相应的第三方库

具体代码如下：

```
import websocket
import threading
import time
import uuid
import json
import logging
```

本识别程序是使用实时流式方式来访问语音 Web 服务，故导入 WebSocket 模块。导入线程模块 threading，利用该模块来创建线程并以线程的方式发送语音数据帧。导入时间模块 time，将其用于程序中的延时控制。导入通用唯一标识符库 uuid，用于标识客户机的请求身份。导入 json 模块，以满足语音识别请求与返回消息的数据格式处理要求。导入 logging 模块，用于日志分析，跟踪程序执行情况。

(2) 定义语音识别开始请求函数

在该函数中，向服务器发送带有鉴权、语音模型 id 等参数的开始数据帧，具体代码如下：

```
pcm_ file = 'realtime_asr/long. pcm'
logger =logging. getLogger( )
def   send _start_ params( ws) :
        req= {
        "type" :"START",
        "data" : {
          "appid" : 22834963,
          "appkey" :'GY7dRpHrj9rYpwrcfTuSg2zp',
          "dev_ pid" : 15372,
          "lm_ id" : 11645,
          "cuid" :"yourself defined user_ id001",
          "sample" : 16000,
          "format" :"pcm"
        }
}
```

```
    body = json. dumps( req)
    ws. send( body, websocket. ABNF. OPCODE _TEXT)
    logger. info(“发送带参数的开始帧:”+body)
```

(3) 定义发送音频数据帧函数

该函数实现以二进制方式发送音频数据,每数据帧之间有一定的时间间隔,具体代码如下:

```
def  send_ audio( ws):
    chunk_ ms = 160 #定义每帧的长度为 160 ms
    chunk_ len = int (16000 * 2/ 1000 * chunk _ms)
    with open( pcm_ file, 'rb') as f:
      pcm = f. read( )
    index = 0
    total = len( pcm)
    logger. info( " send_audio total = {} ". format( total) )
    while index < total:
        end = index + chunk_len
        if end > = total:
            end = total
            body = pcm[ index: end]
            ws. send( body, websocket. ABNF. OPCODE _BINARY)
            index = end
            time. sleep( chunk_ms / 1000. 0)
```

(4) 定义结束数据帧函数

当整个音频数据发送完毕,通过该函数提示服务器数据帧发送完毕,以便断开连接,节约资源,实现代码如下:

```
def send_ finish( ws):
    req = {
      " type" :" FINISH"
      }
    body = jon. dumps( req)
    ws. send( body, websocket. ABNF . OPCODE_TEXT)
    logger. info( " send FINISH frame" )
```

(5) 定义通信连接建立后的回调函数

当通信连接建立后,就会触发 on_open 事件,调用该函数以线程的方式发送开始帧、数

据帧与结束帧,具体代码如下:

```
def on_ open(ws):
    def run( * args):
        send_ start_params(ws)
        send_audio(ws)
        send_ finish(ws)
    threading. Thread(target=run). start()
```

(6) 定义其他的 WebSocket 回调函数

这些回调函数主要包含客户端接收服务器端数据的处理函数、通信发生错误时的处理函数以及连接关闭时的处理函数,具体代码如下:

```
def on_ message(ws, message):
  data=json. loads(message)
  if 'result' in data:
    logger. info("识别结果:" +data['result'])
def on_error(ws, error):
  logger. error("error:" + str(error))
def on_ close(ws):
  logger. info("ws close ... ")
```

(7) 主代码程序

程序执行从下面的代码开始执行。

```
#设置日志的级别为 INFO,只有等于或大于该级别的日志消息才会处理
logger. setLevel(logging. INFO)
uri = "ws://vop. baidu. /realtime _asr" + "? sn=" +str(uuid. uuid1()) #定义 WebSocket 的访问地址
#构建一个 WebSocket 应用实例,将前面定义的回调函数与对应的监听事件绑定起来
ws_ app = websocket. WebSocketApp (uri, on_ open=on_ open,on_ message=on message, on_ error=
                   on_error, on_ close =on_ close)
ws_ app. run_ forever() #让该 WebSocket 应用实例无限运行起来
```

本章小结

在全球化的今天,语言成为推动社会发展的重要力量。为打破语言障碍,利用 AI 技术实现语音识别与合成至关重要。随着 AI 技术的不断发展,语音识别产品的性能日益提升,其中深度神经网络,尤其是卷积神经网络,发挥了关键作用。本章利用卷积神经网络设计

简洁的语音识别模型，并通过训练验证了其卓越性能。百度推出的 EasyDL 平台降低了技术门槛，帮助用户高效地创建、训练和调用模型。利用该平台，本章成功训练出实时语音识别模型并上线应用，效果良好。尽管平台提高了应用效率，但掌握神经网络的基础知识仍是关键。因此，我们要深化理解，推动 AI 技术的更好发展。

课后习题

一、选择题

1. 语音识别技术主要包括语音信号处理、(　　)、声学模型、语言模型和输出结果 5 个部分。

A. 采用频率　　B. 分频技术　　C. 特征提取　　D. 模型训练

2. 深度神经网络与基本神经网络的区别是(　　)。

A. 输入层节点数不同　　B. 输出层节点数不同

C. 隐藏层层数不同　　D. 激活函数不同

3. 卷积神经网络的主要特点是具有(　　)。

A. 池化层　　B. 全连接层　　C. 卷积操作　　D. 多层隐藏层

4. 卷积神经网络的池化层的本质是(　　)。

A. 提取特征数据　　B. 提高模型泛化能力

C. 过滤不必要的数据　　D. 对数据进行缩小

5. 关于 EasyDL，说法错误的是(　　)。

A. 可定制高精度 AI 模型　　B. 自定制模型可迭代训练

C. 只用于语音识别模型的定制　　D. 几乎零基础就可以上手使用

二、简答题

1. 请简述语音识别的过程。

2. 什么是深度神经网络？什么是卷积神经网络？两者有何异同？

三、编程题

利用百度智能云创建一个语音识别应用，来识别本地的一个短音频文件。

提示如下：

(1) 使用命令 pip3 instal baidu-aip 安装 AipSpeech 模块。

(2) 创建一个 AipSpeech 的客户端对象 client。

(3) 调用 client 的自动语音识别方法 asr，将本地音频文件发送到服务器端，并对返回的数据进行解析，从而得到语音识别结果。

参 考 文 献

[1] 吴飞. 人工智能导论：模型与算法[M]. 北京：高等教育出版社,2020.

[2] 王洪元,张继. 人工智能基础：算法与编程[M]. 北京：清华大学出版社,2024.

[3] 刘若辰,慕彩红,焦李成,等. 人工智能导论[M]. 北京：清华大学出版社,2021.

[4] 尚文倩. 人工智能：原理、算法和实践[M]. 2 版. 北京：清华大学出版社,2021.

[5] 王军. 人工智能概论：微课版[M]. 北京：人民邮电出版社,2024.

[6] 黄河燕. 人工智能通识导论[M]. 北京：电子工业出版社,2024.

[7] 刘峡壁,张毅. 人工智能入门[M]. 北京：中国人民大学出版社,2023.

[8] 李雄,周娟. 算法设计与实践[M]. 北京：中国水利水电出版社,2024.

[9] 徐义春. 人工智能案例与实验[M]. 北京：清华大学出版社,2024.

[10] 孙平,唐非,张迪. 人工智能基础及应用：微课版[M]. 北京：清华大学出版社,2022.

[11] 王云峰,陈卫东. 统计学原理：理论与方法[M]. 4 版. 上海：复旦大学出版社,2022.

[12] 何晓群,刘文卿. 应用回归分析[M]. 4 版. 北京：中国人民大学出版社,2015.

[13] 李航. 统计学习方法[M]. 2 版. 北京：清华大学出版社,2019.

[14] 里奇,罗卡奇,夏皮拉. 推荐系统：技术、评估及高效算法[M]. 李艳民,吴宾,潘微科,等译. 北京：机械工业出版社, 2018.

[15] 项亮. 推荐系统实践[M]. 北京：人民邮电出版社, 2012.

[16] 阿加沃尔. 推荐系统：原理与实践[M]. 黎玲利,尹丹,李默涵,等译. 北京：机械工业出版社, 2018.

[17] 汪荣贵,杨娟,薛丽霞. 机器学习及其应用[M]. 北京：机械工业出版社,2019.

[18] 周志华. 机器学习[M]. 北京：清华大学出版社,2016.

[19] 吕云翔,王渌汀,袁琪,等. 机器学习原理及应用[M]. 北京：机械工业出版社,2021.

[20] 吕云翔,韩雪婷,梁泽众,等. 人工智能导论[M]. 北京：机械工业出版社,2023.

[21] 胡艳羽. 面向基因数据的深度特征选择算法研究[D]. 济南：齐鲁工业大学,2022.

[22] 俞栋,邓力,俞凯,等. 人工智能：语音识别理解与实践[M]. 北京：电子工业出版社,2020.

[23] 徐明. 人工智能开源硬件与 Python 编程实践[M]. 重庆：重庆大学出版社,2020.

[24] 赵俊峰,许金普,诸叶平. 农产品信息采集作业场景下的语音识别鲁棒性研究[M]. 北京：电子工业出版社,2018.